谨以此书献给伟大的人民海军，

并向为人民海军现代化建设做出贡献的劳动者致敬！

17

桂志仁◎绘　袁新立◎文

只为走向远洋

——我国水上舰艇钢笔画集

航空工业出版社
北京

图书在版编目（CIP）数据

只为走向远洋：我国水上舰艇钢笔画集 / 桂志仁绘；袁新立文. -- 北京：航空工业出版社，2023.7

ISBN 978-7-5165-3436-6

Ⅰ. ①只… Ⅱ. ①桂… ②袁… Ⅲ. ①军用船－中国－图集 Ⅳ. ①E925.6-64

中国版本图书馆 CIP 数据核字（2023）第 129797 号

内容提要

1949年4月23日，中国人民解放军海军在江苏泰州白马庙正式成立。历经七十多年风雨兼程，人民海军已经发展和建设成为一支保卫国家安全和守护世界和平的战略力量。

本书用钢笔画的形式描绘了人民海军从简单的、落后的舰型发展到现在的各种最新的、最先进的舰艇和装备，也用适当的篇幅介绍了人民海军几次保卫祖国的著名海战，对读者全面了解和认识人民海军有很大帮助。

本书适合热爱、关心、向往人民海军的广大青少年和各界读者阅读收藏。

只为走向远洋

——我国水上舰艇钢笔画集

Zhiwei Zouxiang Yuanyang

——Woguo Shuishang Jianting Gangbihua Ji

航空工业出版社出版发行
（北京市朝阳区京顺路 5 号曙光大厦 C 座四层　100028）
发行部电话：010-85672666　010-85672683
北京富泰印刷有限责任公司印刷
全国各地新华书店经售
2023 年 7 月第 1 版
2023 年 7 月第 1 次印刷
开本：889×1194　1/16
印张：10.5
字数：191 千字
定价：78.00 元

作者介绍

桂志仁

湖北省黄梅人，现居山东省聊城市，职业钢笔画家。

作者出生于航空家庭，从小就喜欢航空，长大后虽然没有从事航空方面的工作，但是多年来一直关注国内外的航空事业和对飞机进行研究。由于自己擅长用钢笔进行绘画，所以多年来进行了大量的航空题材钢笔画艺术创作，其作品被中国航空博物馆收藏并被相关媒体大量报道，受到社会的关注。

袁新立

河南省许昌人，现任中国航空报社记者、编辑。

初中时期，作者逐渐对军事科普尤其是航空产生浓厚兴趣，大学毕业后正式进入航空传媒领域，先后担任《航空世界》杂志编辑、执行主编、主编等职务；2011 年 7 月，进入中国航空报社工作，担任记者、编辑。

在长期的工作中，作者先后编译、撰写了大量航空专业、科普类文章，完成了大量的人物专访、选题策划；为行业内多个专业、科普期刊撰稿；先后编著、撰写了《一路前行——飞机设计专家李明》《AH–64“阿帕奇”武装直升机》《“鹞”垂直／短距起降战斗机》等图书。

前 言

2023年是中国人民解放军海军诞生74周年，也就是说，从1949年4月23日人民海军在江苏省白马庙正式成立至今已经走过74个风风雨雨的年月。在新中国成立74周年华诞之际，在这个值得纪念的日子，钢笔画画家桂志仁先生以别样的风格、细腻的笔触表现人民海军成长壮大的钢笔画画集——《只为走向远洋——我国水上舰艇钢笔画集》，由航空工业出版社正式出版，这是一个令读者备受鼓舞的消息。

回想人民海军成立之初，在白马庙参加会议的只有13人，那时的海军也只有134艘破旧的各型舰只，总吨位仅数万吨，并且全部都是接收起义和缴获的破旧舰船，战斗力很弱，就连近海保卫都很吃力。但是人民海军在党中央的正确领导和全国人民的支援下，走过了74个艰苦曲折又满怀希望的年头，更在21世纪到来之时迎来了海军的全面发展。截至目前，人民海军已经拥有现代化的各型舰艇300多艘，舰艇总吨位达到世界第二，人民海军已经拥有世界上最新各型作战舰艇，可以完成从近海到远洋、从水下到水面和到空中的各类作战任务，完全有能力担负起保卫祖国领土、领海和捍卫世界和平的重任，这是一个载入史册的光辉业绩和成就！

人民海军的每一次发展进步都代表和反映出中国人民自强不息的奋斗精神和自立于世界民族之林的信心，用70多年的时间打造出一支全新的现代化海上力量，用70多年的时间走完了西方列强几百年所走过的路，这是引以自豪的壮举！

世界上但凡海洋大国都热衷于把航海文化特别是海军

的文化以各种方式向公众展示和传播，用绘画的方式来表现航海文化、海军文化，记录海军发展历史和舰艇装备的发展，在很多国家和地区都是社会文化领域的一个主题。中国也是如此，从人民海军诞生之日起，各种关于人民海军发展的美术作品就一直伴随着海军，成为宣传人民海军、弘扬爱国主义、普及军事知识、鼓舞士气、传播文化的重要手段。

本画册利用钢笔画的特点，很好地展现了人民海军的英雄风貌，在国内是一本不可多得的优秀作品，希望能对读者在学习人民海军历史和全面了解海军舰艇等方面有所裨益。

目　录 Contents

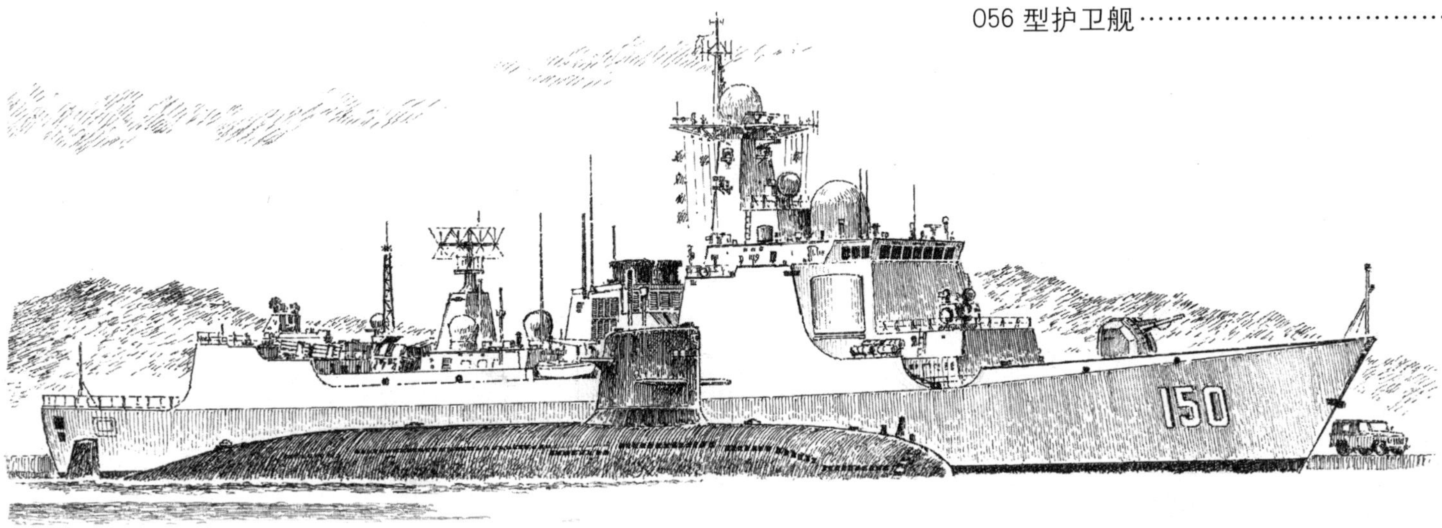
150

目　录 Contents

500

初生

NEWBORN

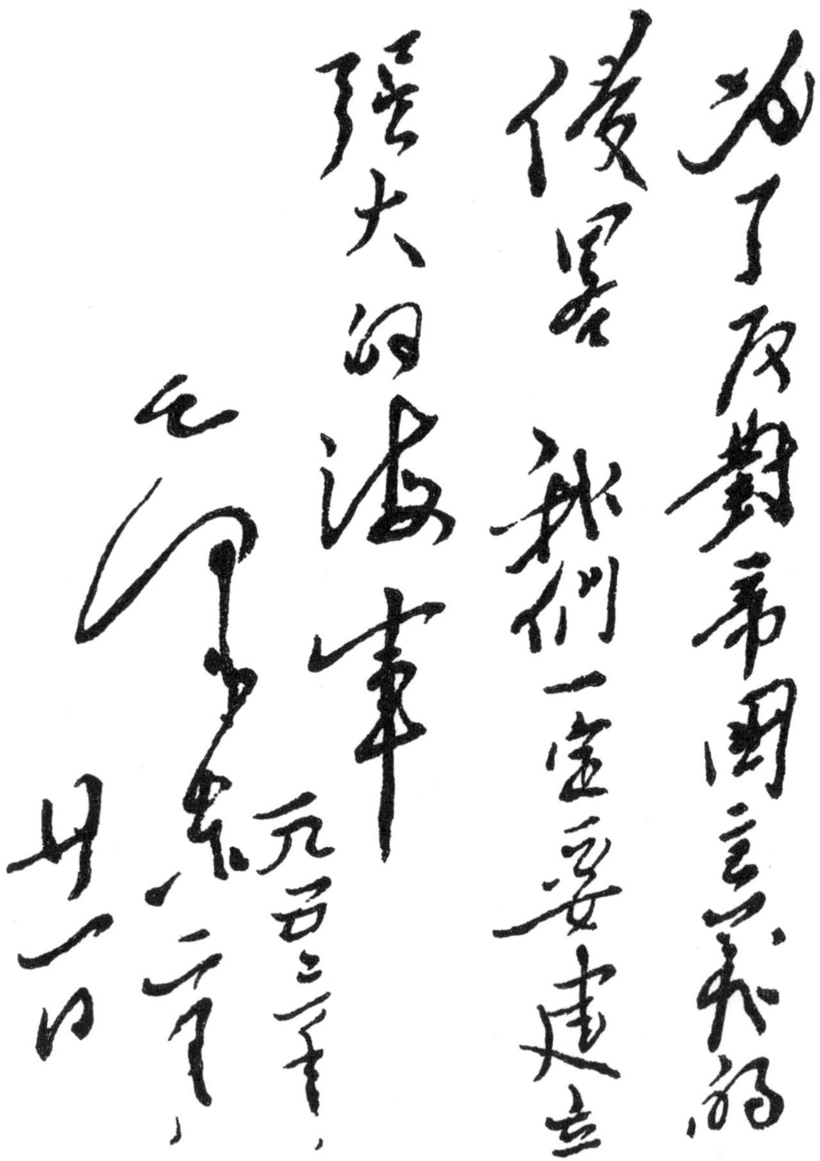

毛泽东主席为人民海军书写的题词

人民海军诞生

1949 年初，党中央、中央军委经过充分的战略考虑，开始酝酿成立人民海军。成立人民海军，是出于追歼从海上逃跑的国民党残余部队，解放东南沿海岛屿，同时也是出于反击可能来自海上的帝国主义势力的干预，更好地保护我们的领土主权。而从 1949 年初，国民党海军陆续发生了一系列起义事件，人民解放军接收了一大批海军舰艇、军港、码头及相关设备，初步积累了建立海军的物质基础。

1949 年 3 月下旬，三野司令员陈毅向华中军区副司令员、三野前线委员会委员张爱萍传达了中央军委关于成立人民海军的决定，并指示其负责组建人民海军。1949 年 4 月 23 日，三野主力胜利渡江，当日解放南京。同日，中央军委急电三野：立即组建海军，定名为中国人民解放军华东军区海军。

当天下午，张爱萍在三野渡江战役东线指挥部内，组织召开了华东军区海军成立会议，宣布人民海军的第一支海军部队——华东军区海军正式成立，张爱萍出任华东军区海军司令员兼政治委员。至此，中国人民解放军序列里出现了一个新的军种——人民海军。

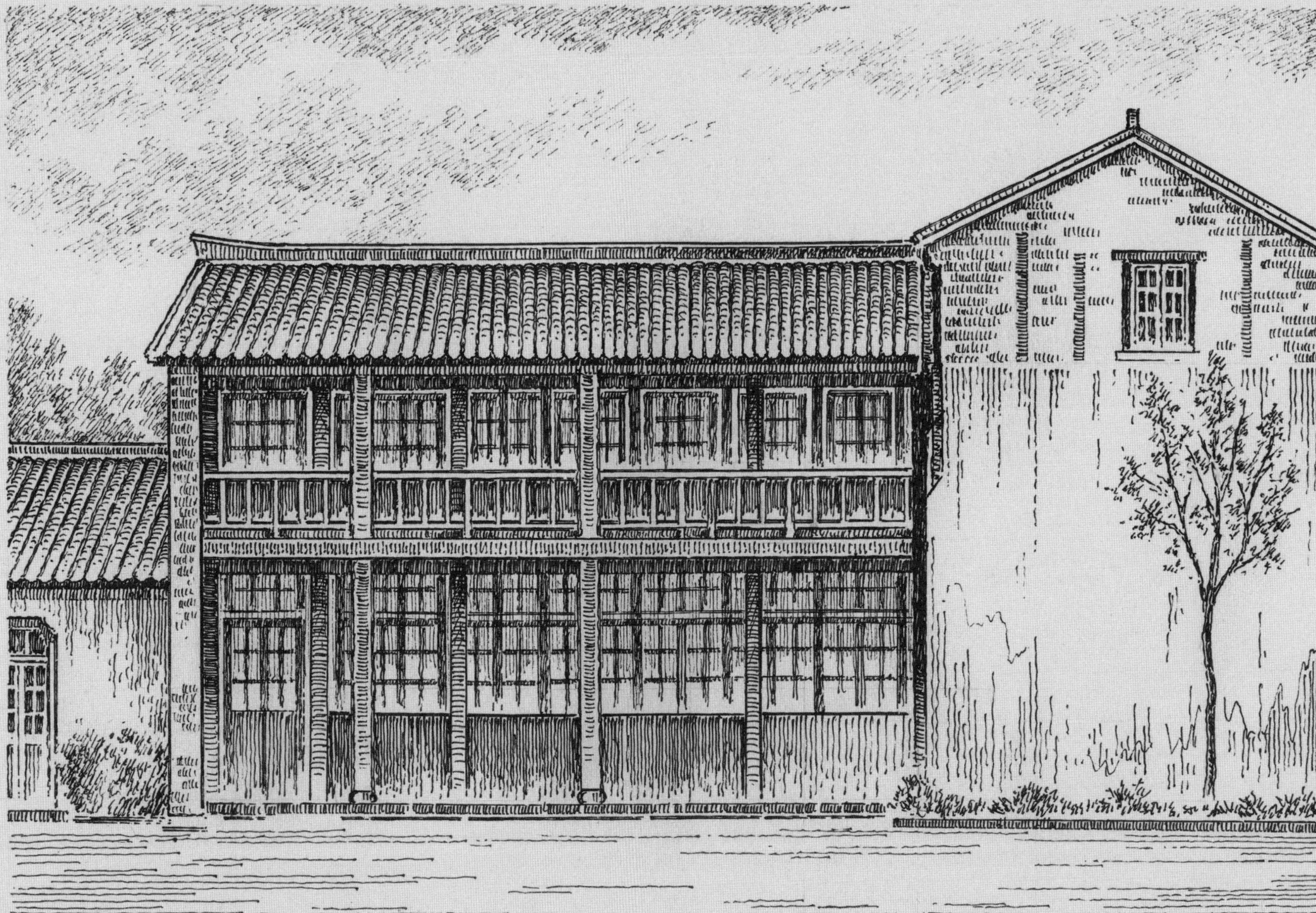

人民海军诞生地——江苏白马庙

4

诞生之初的人民海军

1950 年 4 月，海军领导机关组建成立，肖劲光被中央军委任命为海军司令员，人民海军开启了建设的漫漫征程。新生的中华人民共和国百废待兴，在很多领域可谓一穷二白。当时的海军，舰艇数量本来就十分有限，而海防、歼敌、追逃等作战任务又十分繁重，以致海军司令员出行只能乘坐小木船，虽然留下一段佳话，但也实属无奈。

1950 年 3 月的一天，肖劲光司令员前往山东刘公岛巡视时，基地海军连一艘专门用来接送人员用的船只都找不到。为了节约时间，基地最后只好找来一条渔船作为司令员的旗舰，送这位海军司令员上岛。当渔民得知乘船的人是堂堂海军司令员时，根本都不敢相信。由此也可以看出初创时期的人民海军的艰苦程度。

人民海军最初的军徽

1949 年 4 月 23 日华东军区海军成立时，还没有自己的军徽。1950 年 4 月 14 日，中国人民解放军海军领导机关在北京成立，海军司令部在这之后组织了海军军徽的设计。海军军徽是八一军徽（镶有金黄色边的五角红星，中嵌金黄色“八一”两字）加铁锚，这是人民海军最早的统一标志。

1950 年 12 月 17 日，中央军委将人民海军军徽图案含义通报全军：铁锚正中八一军徽表明中国人民海军是中国人民解放军的一部分，是中国人民解放军的兵种之一。人民海军的组成和建设，是在人民解放军陆军的基础上发展壮大起来的，并继承和发扬人民解放军的优良传统和作风。铁锚象征海军，蓝色衬底象征广阔的海洋。

毛主席视察的“长江”舰 53－219 号

“长江”舰原为国民党“民权”号，1949 年 12 月初在重庆与国民党海军其他 4 艘舰艇共同起义，加入人民海军之后被命名为“长江”舰。

1953 年 2 月 14 日，“长江”舰接到命令，立即起航前往武汉执行命令。2 月 17 日，“长江”舰抵达汉口并接到上级命令：护送毛主席沿长江考察，直至南京。

1953 年 2 月 19 日，毛主席登上“长江”舰视察。毛主席在公安部部长罗瑞卿的陪同下，由“洛阳”舰护卫，乘坐“长江”舰，从武汉沿江而下，与水兵一起共同生活了四天三夜。这是毛主席首次视察人民海军舰艇部队。期间，毛主席还与舰上官兵一起合影，在与大家合影的时候，船上所有人员都兴奋不已。从甲板到驾驶台，全都密密麻麻站满了人。

“长江”舰成为毛主席亲自乘坐过、视察过的人民海军第一艘军舰。

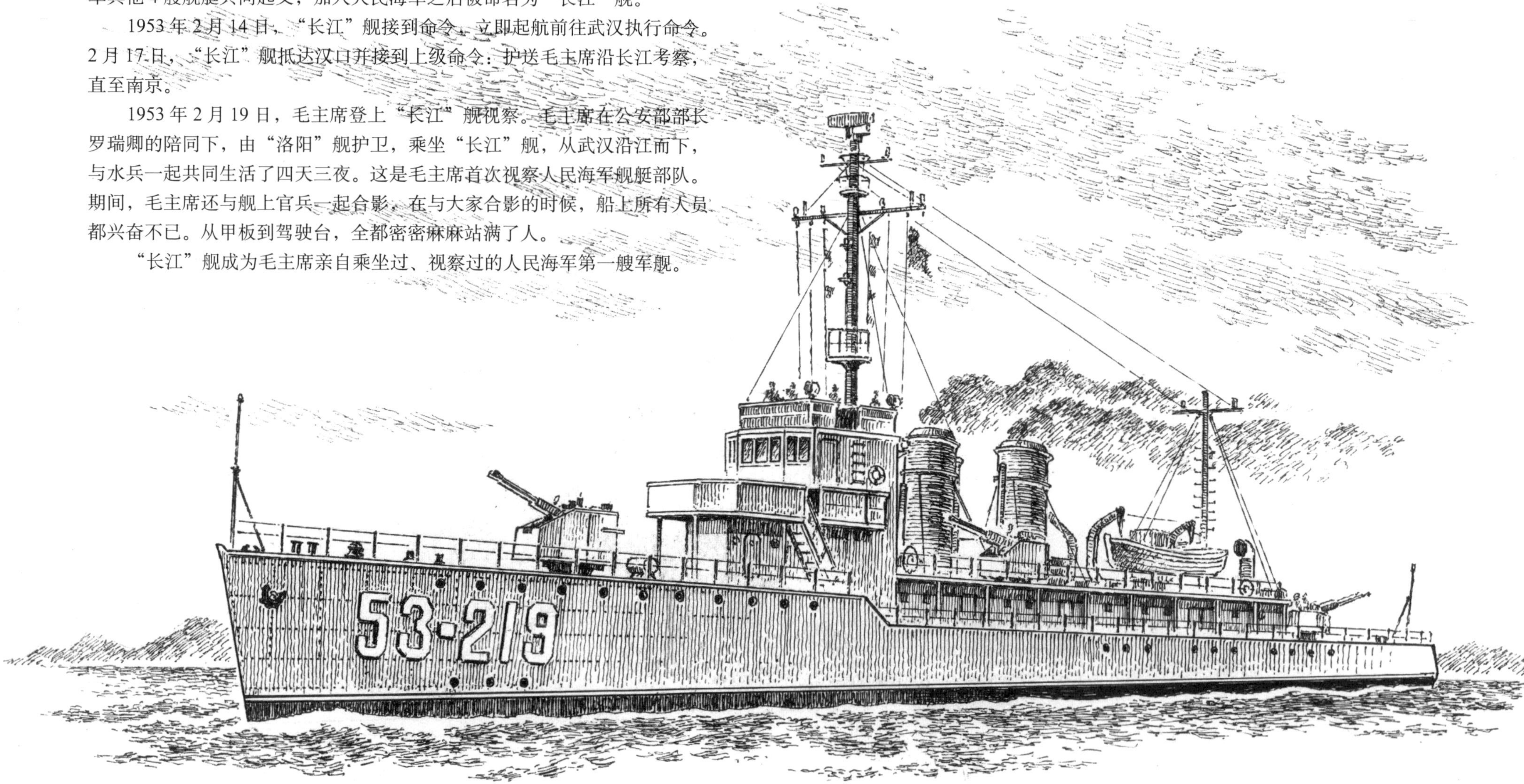

毛主席视察的“南昌”舰 53 – 224 号

毛主席乘坐“长江”舰沿长江一路视察，抵达南京。在抵达南京之后，毛主席又检阅和视察了人民海军“南昌”舰、“广州”舰等作战舰艇，充分显示了党中央对人民海军建设的高度重视和关怀。

102 号鱼雷艇击沉千吨大舰

1955 年 1 月 10 日，华东军区海军鱼雷快艇 1 大队 102 号艇冒着 6 级风浪，在一天之内连续出击两次，开创了以单艇独雷击沉国民党海军“洞庭”号炮舰的传奇战绩，堪称世界海战史上的英雄壮举。

战斗当天，台湾当局国民党海军投入“太湖”号护卫舰、“永昌”号扫雷舰、“洞庭”号炮舰，这些军舰固然吨位大、火力强、航速高，但舰上人员警惕性并不高，对鱼雷艇袭击毫无戒备。当时已是东海风浪季节，102 号鱼雷艇出击时，海上掀起大浪，使得鱼雷艇的航行非常困难。更危险的是，102 号鱼雷艇在第一次出击时发生故障，当时只剩下右侧鱼雷，艇身两侧重量严重失衡更加大了航行的难度，但是，102 号艇全体官兵依然凭借娴熟的操纵技巧挺进战场。

战斗打响后，为确保一发命中，时任 102 号鱼雷艇艇长张逸民指挥鱼雷艇突破鱼雷发射安全距离，直到敌我距离 200 米、敌舰已无法躲避的情况下，用唯一一枚鱼雷将“洞庭”号炮舰炸成了两截。

102 号鱼雷艇在鱼雷出管的同时迅速停车，然后原地倒车、高速后退。即使这样，由于双方距离太近，鱼雷艇上所有玻璃和安全灯罩都被强烈的冲击波震得粉碎，多名官兵受伤。

102 号艇以单艇战大舰，在 200 米内发射鱼雷击沉敌舰，成为世界海战史上的经典战例。

102

八六海战

人民海军初创之时，基础薄弱，大型军舰严重不足，但是依然凭借敢打敢拼、以弱打强的大无畏作战精神，创造了一个个经典战例。

1965 年 8 月 5 日傍晚，有两艘台湾当局的军舰——“剑门”号大型猎潜舰和“章江”号小型猎潜舰混在商船中，妄图接近大陆沿海地区。敌方的踪迹很快被南海舰队汕头水警区雷达站获得，并向南海舰队作战值班室进行敌情通报。

获得敌情通报后，南海舰队命令汕头水警区做好战斗准备，随时迎击敌人。8月5日深夜，汕头水警区 4 艘护卫艇及 6 艘鱼雷艇奉命出击。次日凌晨，即 8 月 6 日 2 时左右，人民海军护卫艇群发现目标，由598号护卫艇担任指挥艇，随后按照统一指挥开始集中火力攻击“章江”号。经过一个多小时的战斗，“章江”号在凌晨 3 时 30 分左右被击沉。战斗中，611 艇被己方炮弹误击，之后又被“章江”号击中，导致艇身和机舱设备严重受损。轮机兵麦贤得头部被弹片击中，失去知觉。当他苏醒后，以惊人的毅力顽强坚守在主机旁边。“章江”号被击沉之后，多艘鱼雷艇协同出击，发射多枚鱼雷对“剑门”号进行猛烈攻击，最终在 5 时左右将其击沉。

这次海战，人民解放军海军共击沉台湾当局海军猎潜舰 2 艘，击毙包括少将指挥官胡嘉恒在内的敌人共 170 余人，俘虏包括“剑门”号中校舰长王韫山在内等 33 人，是人民解放军海军快速轻型舰艇编队近战夜战、密切协同，以及集中优势兵力达成的一次歼灭战。

598
611

西沙海战

从 1973 年 8 月开始，得到美国支持的南越当局屡屡在我国南海西沙海域挑起事端，武力驱赶渔民并企图占领岛屿。1973 年 9 月，南越当局非法宣布将南沙群岛的南威、太平等 10 多个岛屿划入其版图。

面对南越当局的挑衅，我国外交部多次对其提出交涉，但换来的却是南越当局的变本加厉，进入 1974 年，南越当局在西沙海域的侵略行径愈演愈烈。按照党中央和国务院的部署，人民海军南海舰队于 1 月 17 日进抵西沙永兴岛，271、274、281、282、396 等多艘舰艇相继在西沙海域集结。1 月 18 日，南越当局增派 1 艘驱逐舰和 1 艘护卫舰入侵永乐群岛海区并撞坏在该海区作业的渔轮。至此，南越当局集结于永乐海区的军舰达 4 艘，另外还有驱逐舰、护卫舰各 1 艘也正在向西沙入侵，舰艇总吨位远超我国海军舰艇。

1 月 19 日清晨，南越海军 2 艘军舰向中国巡逻舰艇接近，另外 2 艘军舰从另一个方向接近。中国海军扫雷舰 389、396 号，猎潜艇 271、274 号分别拦截 2 艘军舰，2 对 2 的局面将南越舰艇分割对峙。10 时 22 分，南越 4 舰同时向中国舰艇编队发起攻击，中国舰艇被迫奋起自卫，各舰群近战歼敌，集中火力猛烈还击。与此同时，增援的 281、282 号艇由永兴岛向永乐战区急进，于 12 时 12 分加入战斗。经 4 个多小时的激战，南越 10 号舰被击沉，4、5、16 号驱逐舰被击伤后逃逸。1 月 19 日海战后，中国海军南海舰队遵照上级指示，将陆军 4 个步兵连运送至永乐群岛海域。1 月 19 日 9 时 35 分，步兵分队由海军舰艇和渔轮输送并在海军航空兵掩护下，向被南越军队侵占的甘泉、珊瑚和金银三岛逐岛发起攻击，至 13 时 45 分收复三岛，全歼了登岛的南越军队。

西沙海战是新中国海军进行的第一次海上反侵略作战，这次战斗之后，我国获得了对整个西沙群岛及其周边海域的控制权。

502

赤瓜礁海战

南沙群岛历来是中国领土，1987 年，应联合国教科文组织的要求，中国政府决定在南沙群岛永署礁建立一座海洋观测站。1988 年 3 月 13 日，中国海军奉命组织舰船和人员在南沙群岛的赤瓜礁等岛礁进行考察。3 月 14 日，越南海军 604、605 号运输船和 505 号登陆舰悍然窜到赤瓜礁海区进行挑衅活动，并派出 43 名海军人员强行登上赤瓜礁。越军无视中国考察人员的警告，首先使用冲锋枪向中国岛上人员开火，打伤中国考察人员。接着，越南海军舰船又向停泊在赤瓜礁附近海区的中国海军舰船开枪。中国海军考察舰船的人员，为捍卫祖国领海、领土主权，在忍无可忍的情况下，被迫进行自卫还击，击沉越南海军 604 号运输船，击伤 605 号运输船和重创 505 号登陆舰。

战斗当天，中国海军 502 号护卫舰面对敌人率先射击挑衅，接到命令后果断开火还击，舰上 37 毫米炮、100 毫米炮集中火力射击越南海军 604 舰。射击 9 分钟后，越南 604 舰起火下沉。

531 号护卫舰在战斗中对准越南海军 505 号登陆舰，用 7 发 100 毫米炮弹将对方打成重伤并燃起大火，最终在燃烧了 5 天之后被完全烧毁。

越南海军后来虽然将 505 舰拖回军港，但已经无法对其进行修复。

AIRCRAFT CARRIER AMPHIBIOUS ASSAULT SHIP & SHIPBOARD AIRCRAFT

航母与两栖攻击舰及舰载飞机

“辽宁”号航空母舰

“辽宁”舰作为我国第一艘投入服役的航空母舰，是人民海军走向大洋的重要标志。由航母、导弹驱逐舰、导弹护卫舰、补给舰、潜艇等各类作战舰艇组成的航母战斗群可以执行远洋综合作战任务。

16
101

“山东”号航空母舰

2019 年 12 月 17 日，我国第一艘国产航母在海南三亚正式交付海军。经中央军委批准，这艘由我国自主设计、自主建造的航母被命名为中国人民解放军海军“山东”舰，舷号 17。

2013 年底，“山东”舰的第一块钢板开始切割，中国首艘国产航母正式开工建造，这也是中国发展航母事业的新征程。2017 年 4 月 26 日，备受瞩目的“山东”舰提前一个月下水，接受大海的洗礼，随后开始系泊试验，并对舰上万余台（套）设备和系统进行调试。2018 年 5 月 13 日清晨，“山东”舰缓缓驶离码头，开始首次海上航行试验。

“山东”舰服役之后，先后进行多次海上试验，以检验武器装备性能，提升航母履行使命任务的能力。

17

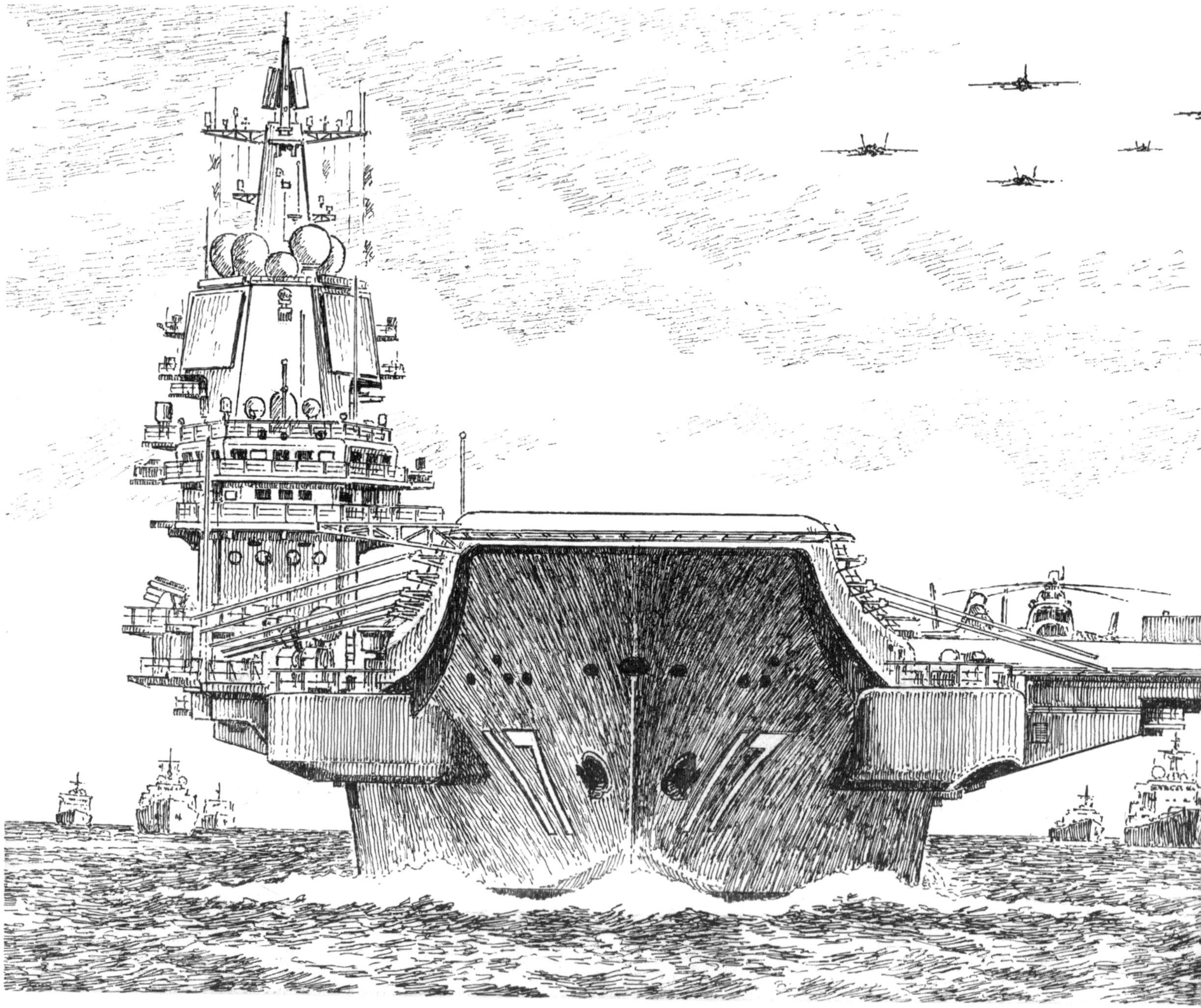

“辽宁”舰（舷号 16）与“山东”舰（舷号 17）组成双航母编队

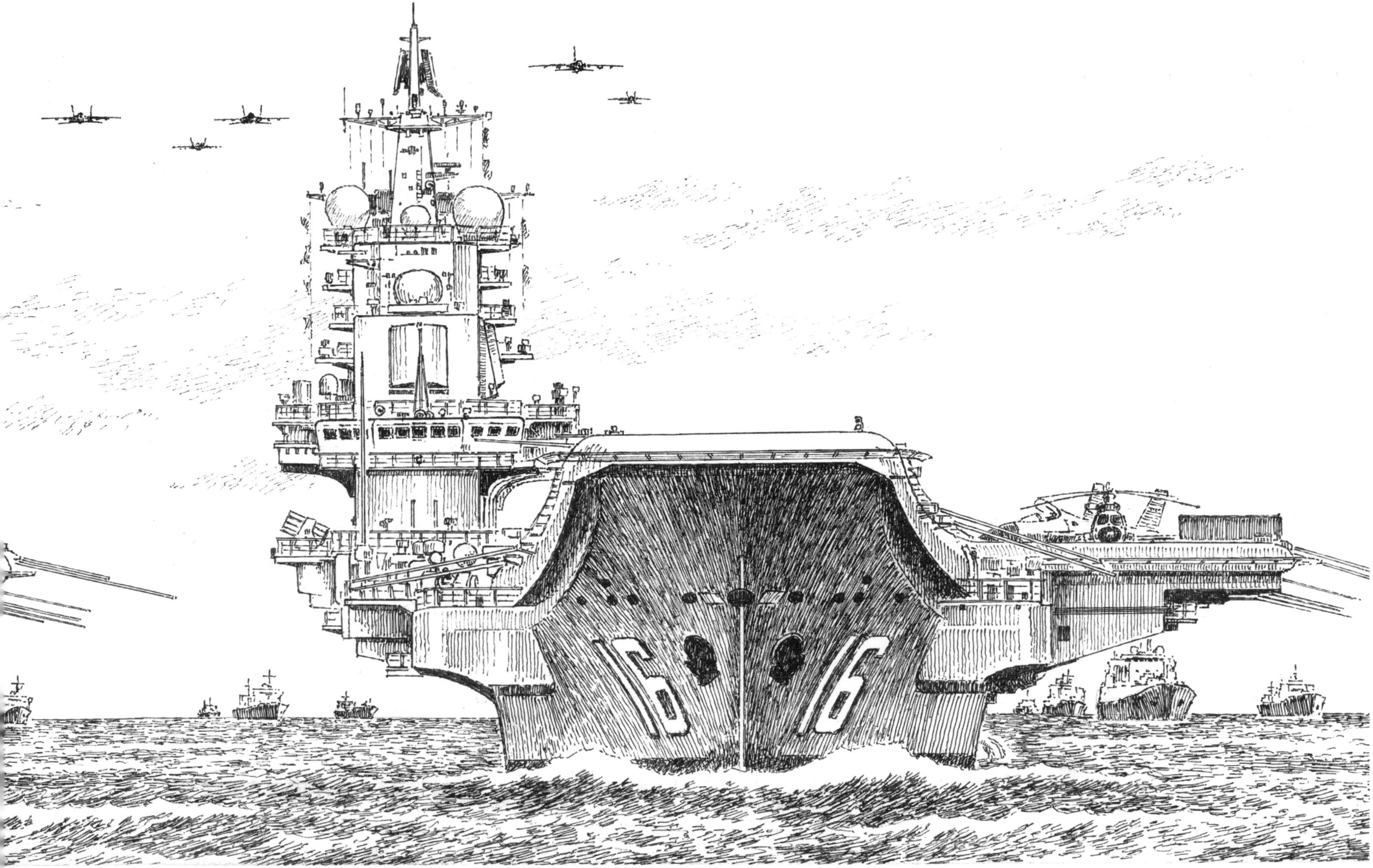
16
16

“福建”号航空母舰

2022 年 6 月 17 日，我国第三艘航空母舰在上海江南造船厂下水。经中央军委批准，我国第三艘航空母舰命名为中国人民解放军海军“福建”舰，舷号 18。“福建”舰是我国完全自主设计建造的首艘弹射型航空母舰，采用平直通长飞行甲板，配置电磁弹射和拦阻装置，满载排水量 8 万余吨。

作为我国第三艘航空母舰，“福建”舰也是我国船舶工业截至目前建造的最大吨位的海上主战装备。

18

歼 15 舰载战斗机

歼 15 航母舰载战斗机是我国研制的一款双发重型航母舰载机，歼 15 的研制和服役，标志着我国正式拥有了舰载固定翼战斗机，并真正实现了远洋海上攻防作战的立体化。

2012 年 11 月 23 日，我国第一艘航母“辽宁”舰交接入列之后两个月，歼 15 首次在“辽宁”舰上成功着舰，并于当日顺利完成舰上滑跃起飞。这也是我国第一代舰载战斗机歼 15 首次出现在世人面前。

2013 年 6 月 19 日，歼 15 舰载机随“辽宁”舰首次出海进行科研试验和训练，在渤海某海域进行了多批次起降飞行训练，表明中国已经掌握了舰载机在航母上的起降技术。在这次海试任务中，歼 15 舰载机还完成了首次在“辽宁”舰上进行驻舰飞行训练。

2015 年 9 月 3 日，纪念中国人民抗日战争暨世界反法西斯战争胜利 70 周年阅兵式在北京天安门广场举行。此次检阅首次有舰载机受阅梯队，5 架歼 15 舰载机以楔形梯队飞过天安门广场，接受检阅。

海军型歼教 9 教练机

海军型歼教 9 教练机，是在歼教 9 教练机的基础上改进研制而来，可用于海军陆基航空兵和舰载战斗机飞行训练的高级教练机。

海军型歼教 9 教练机采用中单翼、两侧进气、单发布局，在原有设计的基础上，通过气动性能优化等，提高了飞机的机动性能。该机最大实用升限近 20000 米，最大起飞重量近 10 吨，最大航程超过 1600 千米，采用与第三代战斗机同标准的现代化航电系统，能够满足第三代战斗机飞行、战术训练和第四代战斗机基础训练的需求。

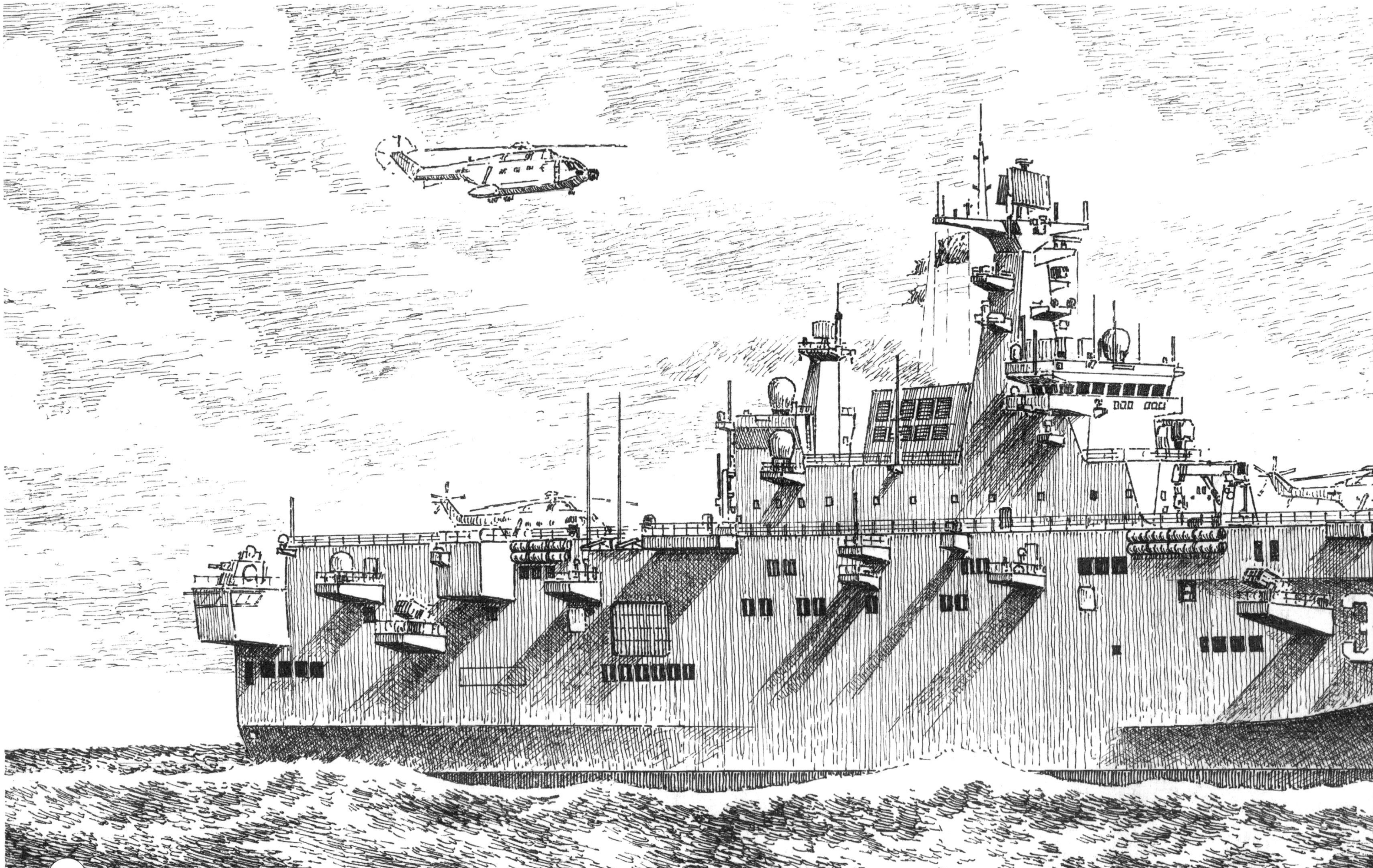

075型两栖攻击舰

两栖攻击舰是现代化海军的主战装备之一，通过配备大量直升机和登陆艇等装备，可以执行垂直打击、登陆作战、抢滩夺岛等多样化作战任务。

075型两栖攻击舰，是我国自行设计建造的第一种大型两栖作战舰船。2019年9月25日，075首舰在上海举行下水仪式。2020年4月22日，075两栖攻击舰2号舰下水。2020年8月27日，075型两栖攻击舰完成第一阶段航行试验。

2021年4月23日，首艘国产075型两栖攻击舰被正式命名为中国人民解放军“海南”舰，并在海南三亚正式交接入役。

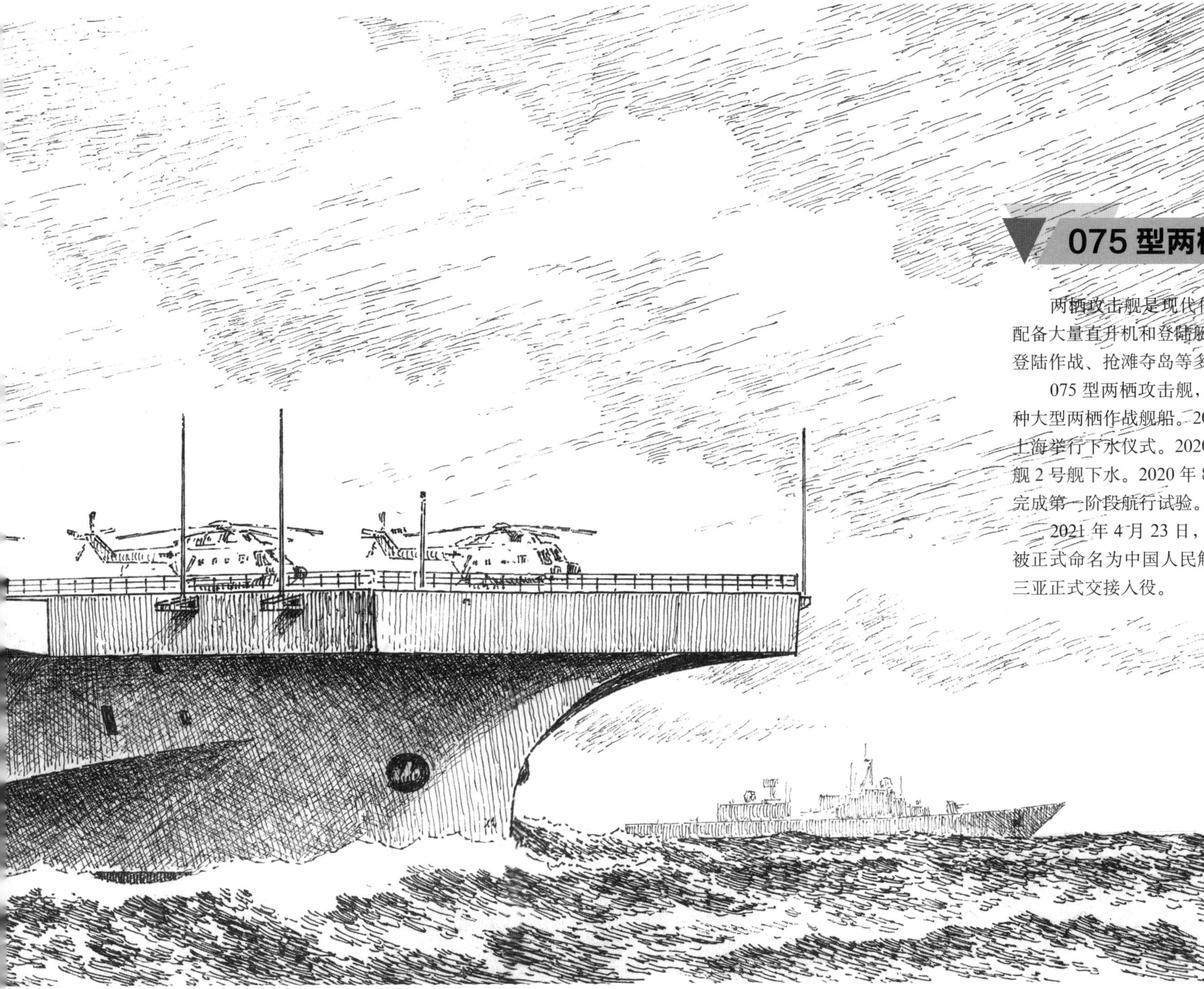

“海南”舰（舷号31）

直 9 直升机

直 9 直升机是我国引进法国“海豚”SA365N/N1 专利生产的一种多用途轻型直升机，引进之后的生产工作由航空工业哈飞负责。1980 年 7 月，中法两国经过谈判，签订了引进“海豚”直升机的合同。

按照国家的整体安排，航空工业哈飞从 1982 年初开始组织“海豚”直升机的组装生产，截至 1989 年总计用法国生产的零部件组装交付了 33 架飞机。不过，从 1987 年开始，随着引进合同的结束，航空工业哈飞开始考虑飞机的国产化问题，并在 1987 年底获得批准。1988 年上半年，直 9 直升机的国产化工作全面展开，1992 年 1 月 16 日，首架直 9 国产化直升机成功首飞，标志我国直升机研发生产水平实现了重大突破和转折。

随着直 9 国产化程度的提升，直 9 也开始了系列化发展，并且先后发展出了运输型、武装型、警用型、海监型等多种改型。其中，基于直 9 直升机平台改进而来的直 9C 反潜直升机，通过换装功率更大的发动机系统，安装用于搜索海面和水下目标的雷达、声呐系统，以及增加了挂载反潜 / 反舰武器的能力，整体上具备了较强的综合反潜反舰能力。

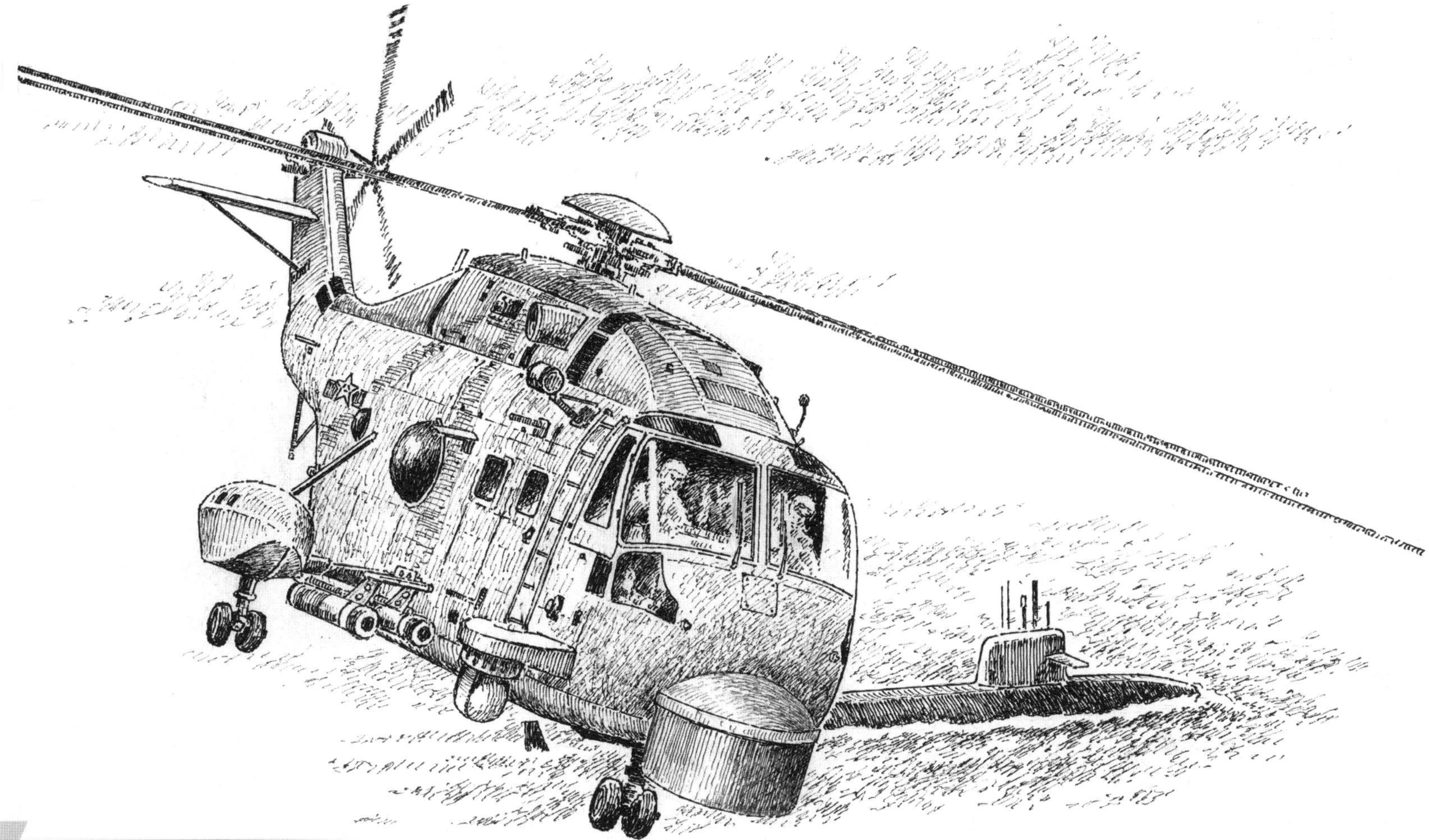

直 8 反潜直升机

直 8 是由航空工业直升机所和昌飞在法国 SA321“超黄蜂”直升机的基础上，联合改进研制的多用途大型运输机，具备执行包括人员运输、物资运输等任务在内的多任务能力。

1976 年 1 月，航空工业正式开始直 8 直升机的研制工作。1985 年底，混装了国产和进口部件的直 8 飞机成功实现首飞，并于 1989 年初完成了技术鉴定。1994 年 6 月，直 8 直升机通过了设计定型。

直 8 采用了传统的单旋翼加尾桨的总体布局，装有 3 台涡轴发动机，主旋翼为 6 桨叶，不可收放前三点式起落架。为了满足可以在陆地和水面上起降的要求，直 8 采用了密闭式铆接机身，并且在机身两侧加装了短翼浮筒。正常气象条件下，直 8 可以在水面滑行和起降，能够在僻静水面漂浮 6 ～ 10 小时。

直 8 反潜型是在直 8 的基础上，通过加装多种反潜设备改进而来的反潜专用直升机。直 8 反潜机配备对海搜索雷达，同时配备吊放声呐、声呐浮标等反潜设备，具备较强的反潜能力。

潜艇

SUBMARINE

"长征 1 号"潜艇（舷号 401）

091 型核动力攻击潜艇

"长征 1 号"潜艇是我国自行研制的第一代核动力攻击型潜艇的首艇，舷号 401（又称 091 型核潜艇，北约代号"汉"级）。

"长征 1 号"的设计工作从 1966 年开始，采用边设计边建造的模式，前后历时 5 年。1970 年 4 月完成了总体试水，1971 年 3 月完成了水中舾装工作，紧接着是进行反应堆装料。1971 年 6 月，反应堆达到临界状态，两个月之后，该潜艇首次出海进行航行试验，先后进行了水面航行，潜望镜深度潜水和深潜试航；1974 年 1 月，加入海军进行检验性试航。1974 年 8 月 1 日，中国中央军委发布命令，将这艘核潜艇命名为"长征 1 号"，正式编入海军战斗序列，隶属中国海军北海舰队。

2000 年"长征 1 号"退役，后经过无害化处理停放在青岛海军博物馆，2017 年正式对外开放。

093 型核动力攻击潜艇

中国海军的 093 型攻击型核潜艇（北约绰号“商”级核潜艇），水下排水量 6000 ～ 7000 吨，具有新型鱼雷和发射反舰导弹的攻击能力和先进的动力系统。

092 型核动力弹道导弹潜艇

“长征 6 号”潜艇是我国自行研制的第一代弹道导弹核潜艇的首艇，舷号 406（又称 092 型核潜艇，北约代号“夏”级）。

“长征 6 号”于 1970 年 9 月开工建造，1981 年春节前下水，1983 年 8 月加入海军服役。1988 年 9 月，“长征 6 号”进行试验时成功发射了一枚巨浪 -1 型潜射弹道导弹，并命中目标，标志着我国具备了海上核反击能力。

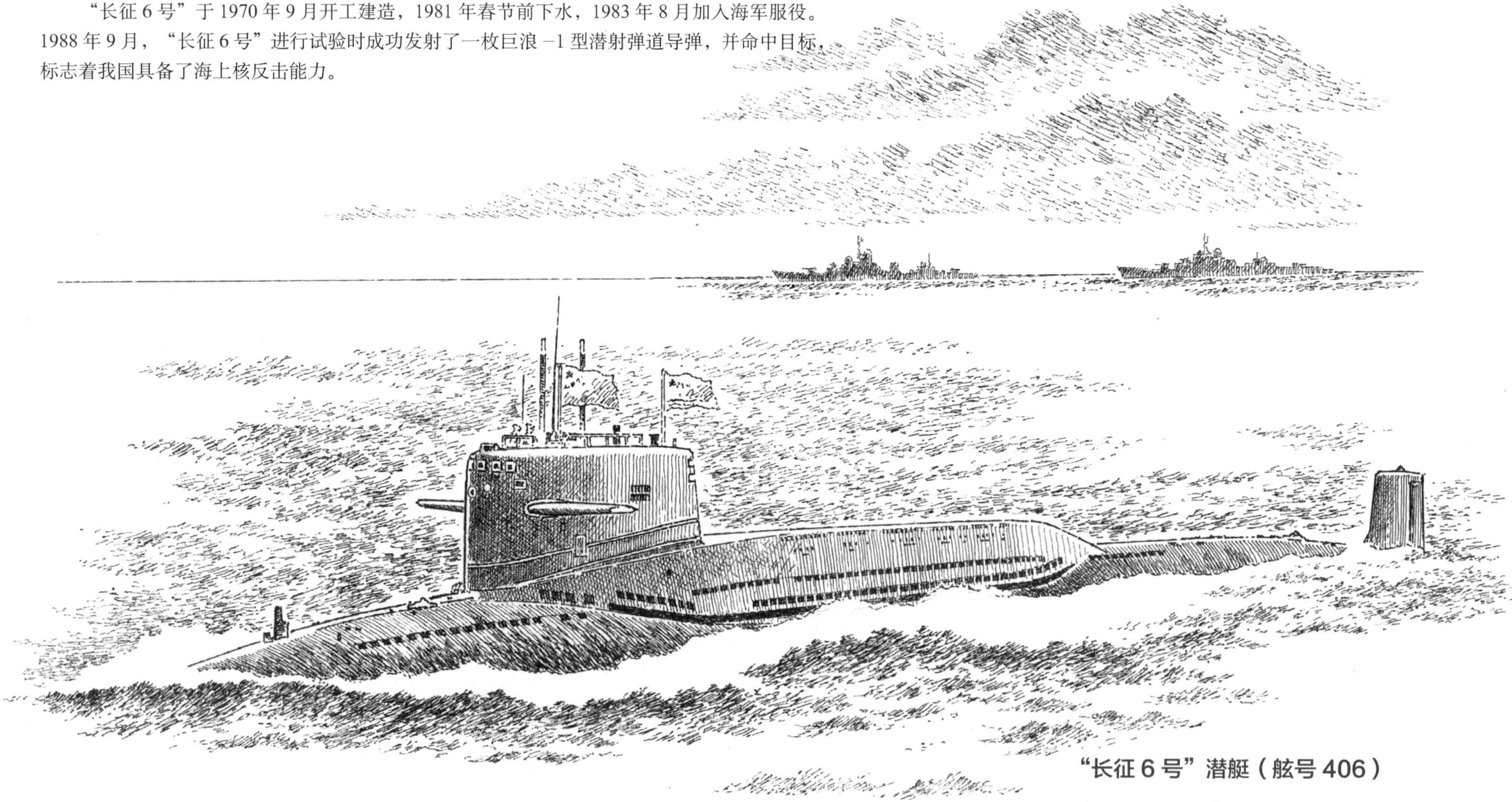

“长征 6 号”潜艇（舷号 406）

1967 年 3 月，我国正式开始中程潜地固体导弹的研制任务。导弹最初命名为“巨龙一号”，后正式命名为“巨浪一号”导弹。1967 年 10 月，海军最终确定了导弹核潜艇和潜射导弹的总体方案和战术指标。

1982 年 10 月 12 日，我国第一次成功地进行了潜艇水下发射导弹试验。它是我国成功地进行原子弹、氢弹、远程运载火箭试验和发射人造地球卫星以后，在尖端科学技术领域里取得的又一巨大成就。这一成就标志着中国潜射弹道导弹、导弹制导和运载火箭技术取得了重大突破，中国成为世界上第五个具有潜艇水下发射战略导弹能力的国家。

1982 年的试验成功后，导弹核潜艇开始进行最后的“艇弹合一”发射试验。1988 年 9 月 15 日和 9 月 27 日，“巨浪一号”导弹两次水下发射试验都获得圆满成功，完成了中国第一种潜射弹道导弹的定型试验。

巨龙出水——潜艇弹道导弹发射出水

094 型核动力弹道导弹潜艇

随着技术的发展进步，为了满足战略型海军装备建设的需求，我国研制了第二代弹道导弹核潜艇（又称 094 型核潜艇，北约代号“晋”级）。094 型核潜艇是我国截至目前建造的排水量最大的水下舰艇，相比于第一代，无论是排水量，还是静音性能以及综合作战性能都大大提高了。

2018 年 4 月 12 日上午，习近平总书记乘坐 173“长沙”号驱逐舰检阅海军各型舰艇，受阅舰艇编队中就有两艘 094 型核潜艇。

6603 型常规动力攻击潜艇

新中国成立初期，我国的海防力量近乎空白，以致当时大陆沿海很多岛屿仍然由国民党军队占领，这些岛屿扼守大陆重要的出海口，造成了大陆沿海航运受阻。在这样的背景下，尽快建立我国的海防力量，特别是潜艇作战力量就成为海军建设的重中之重。

根据 1953 年 6 月 4 日中苏签订的相关协定，苏联有偿向我国转让 613 型潜艇的建造权，提供相应的成套器材设备和设计图样，我国将其称为 6603 型，简称 03 型。1955 年 9 月 29 日，首制艇进行水压试验，完成耐压艇体焊接测试；1956 年 3 月 26 日成功下水；同年 10 月 19 日开始工厂试航试验和国家试航验收。1957 年 10 月 27 日，首制艇正式交付中国海军，该艇也是毛主席唯一视察过的潜艇，因此曾用过 56–110 的舷号，这标志着中国开始初步具备制造潜艇的能力。03 型常规潜艇前 3 艘由苏方提供全部的设备和潜艇分段，从第 4 艘开始仅提供材料和设备，中方开始从放样下料阶段建造，进一步提高中国在 03 型潜艇的自主化建造率。截至 1964 年江南造船厂共建造 13 艘，截至 1962 年武汉造船厂共建造 8 艘，总计 21 艘。

6603 型潜艇装备部队后，对台湾国民党形成了巨大的威慑，中国海军具备了伏击国民党海军大型舰艇的能力。

035 型常规动力攻击潜艇

035 型常规潜艇（北约代号“明”级），是我国自行研制的第一种常规动力、鱼雷攻击潜艇，第一次采用了尖尾线型，合理布置了上层建筑的管路和阀件，缩小了甲板的空间，改进了流水孔，设计了高效率螺旋桨等。该潜艇采用了航向自动操舵仪和深度自动操舵仪，在所有航速范围内潜艇保证有正常的操纵性。

我国在引进了苏联的 633 型潜艇之后，在国内进行了仿制生产，并将其命名为 033 型潜艇。033 型潜艇在服役的过程中，设计制造单位针对其不足进行了多次改进，改进中取得的成果都用在了“明”级潜艇的研制中。1967 年，中央军委批准自行研制我国第一代常规动力鱼雷攻击潜艇 035 型潜艇。研制的中心任务是尽最大努力提高水下航速，所以在降低阻力、提高推进效率和增大推进功率三个主要方面开展了大量的研究、试验工作。035 型潜艇首制艇于 1969 年 10 月开工，1974 年 4 月交付海军使用。1979—1989 年与 1992—1994 年间曾两度停建，进行现代化改装型艇的设计，要求在保持原 035 型潜艇总体性能基本不变的前提下，在武器系统、水声设备、通信设备、导航设备、水声对抗、噪声控制、改善生活和工作条件等方面，进行多方面的改进，使艇的作战能力、生存能力，以及机动性、隐蔽性、可靠性、安全性等均有一定程度的提高。改进艇于 1988 年 8 月开工，1990 年底交艇，1993 年定型，至今已建造了一小批交付海军使用。共建造了 14 艘。

039 型常规动力攻击潜艇

长期以来，我国常规潜艇部队都是以 033 型、035 型等潜艇作为主力装备，这些型号主要是从苏联潜艇改进和仿制而来。与西方国家主力常规潜艇相比，我国的常规潜艇已经显得落后了。为了满足海军新时期下的作战要求，并缩小同西方发达国家先进常规潜艇的技术差距，我国正式决定研制新一代常规动力潜艇，20 世纪 80 年代中后期，039 型潜艇的研制正式开始。

039 型潜艇（又称“宋”级）在研制过程中充分吸收西方发达国家常规潜艇的新概念，大量采用新型动力、自动化设备、声呐和武器装备。首艇于 2005 年竣工，加入中国海军服役。

039A 型常规动力攻击潜艇

039A 型（又称“元”级）常规动力潜艇，是我国第一种采用 AIP 推进技术的新型潜艇。该艇采用更先进的水滴形设计，艇艏部圆钝，舯部为轴对称的圆柱体，艉部为回转体锥尾，并采用了单轴单桨推进形式和十字形尾操作面结构。艇身敷设了消声瓦，对于降噪有很大的帮助。由于采用了 AIP 推进技术，该艇的航程可以达到 6500 海里，达到了国外同类潜艇的水平。

032 型试验潜艇

与水面舰艇相比，潜艇的工作环境可以说更为复杂和恶劣，所以潜艇上各类艇载设备和系统必须在真实的环境下经过严格的试验，才能真正安装在潜艇上使用。要完成艇载设备和潜艇武器系统的测试验证，则必须建造专用的测试平台。032 型试验潜艇是我国独立设计建造的最新型的常规动力实验潜艇，也是截至目前我国设计建造的排水量最大的常规动力潜艇。该型试验艇仅建造了一艘，编号为“长城 201”号。在这之前，人民海军曾经将一艘常规潜艇改建为试验潜艇，用于潜艇武器系统的水下测试，编号为“长城 200”号。

“长城 201”号试验潜艇于 2008 年开工建造，2010 年 9 月建成下水，经过舾装和后续的测试，2012 年 10 月正式列装部队。该潜艇长 92 米，最大潜深超过 200 米，水下最大排水量超过 6600 吨，可用于潜射弹道导弹、潜射巡航导弹、潜射反舰导弹、鱼雷、水下逃生救生设备等武器装备的测试。除此之外，还可用于潜艇各种电子系统和设备的测试。

驱逐舰

DESTROYER

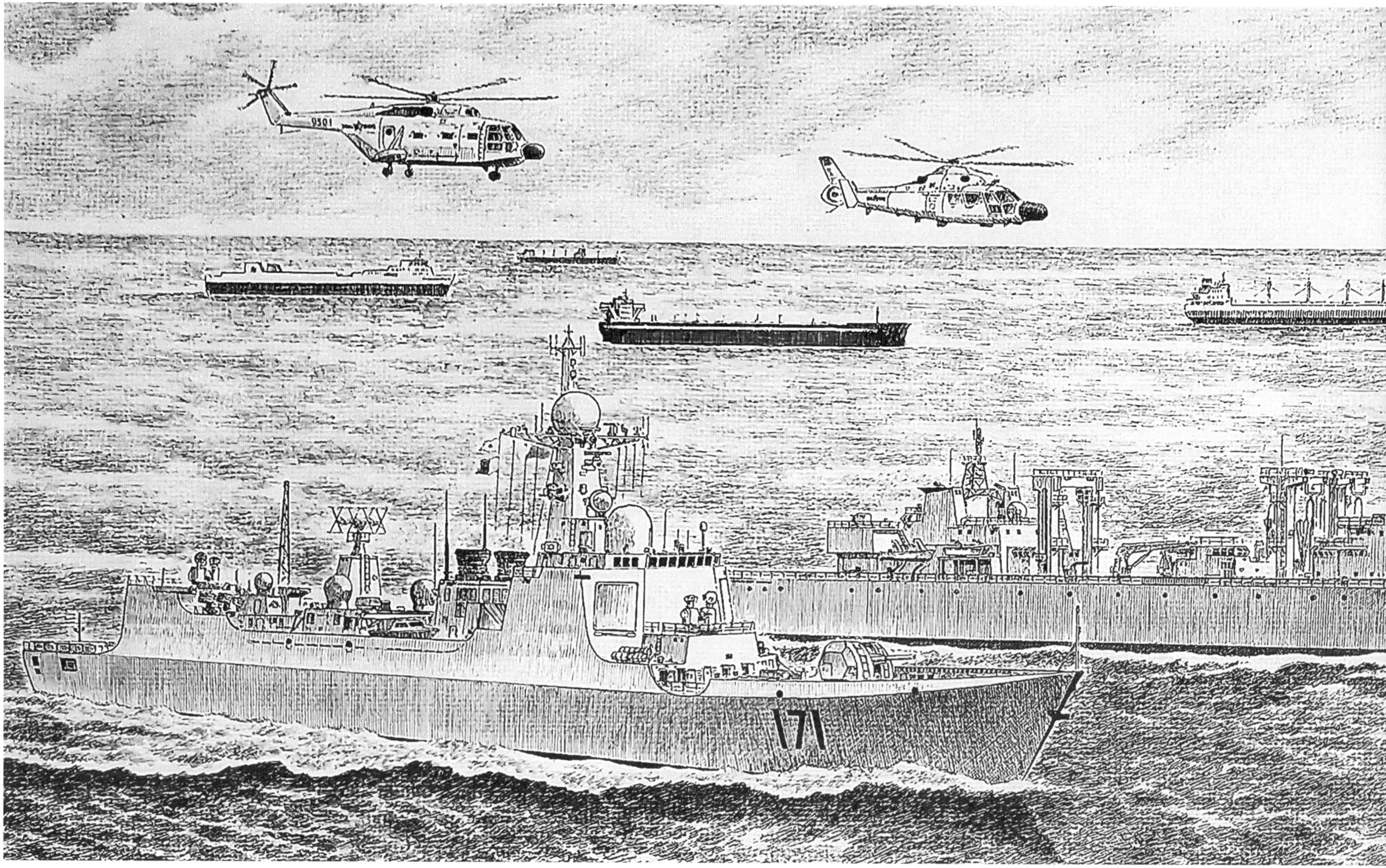
171

171“海口”舰属于 051C 型导弹驱逐舰，是我国海军当前的主力作战舰艇，曾经多次参与亚丁湾护航任务，有力地保障了我国过往商船的安全。

6607 型驱逐舰

人民海军成立之初，由于缺乏大型舰艇装备，面对环伺的强敌显得力不从心。从 1952 年 4 月到 1953 年 3 月，我国先后多次派出代表前往苏联就购买驱逐舰等装备进行谈判，但是都遭到了苏联的拒绝。此后一直到 1953 年 6 月，苏联才最终答应以高昂的价格向我国出售 4 艘 07 型驱逐舰。

07 型驱逐舰是苏联在第二次世界大战前制造的以鱼雷为主要攻击武器的大型军舰，自 1935 年开始建造。按照协议，苏联于 1954 年 10 月向我国海军交付了首批两艘驱逐舰，这两艘驱逐舰分别被命名为“鞍山”（舷号 201，后改为 101）和“抚顺”（舷号 202，后改为 102）。1955 年 6 月，苏联向我国海军交付了第二批两艘驱逐舰，分别命名为“长春”（舷号 203，后改为 103）和“太原”（舷号 204，后改为 104）。

“鞍山”舰等 4 艘驱逐舰服役后，成为当时海军的主力大型作战舰艇，并组建了第一支驱逐舰大队。1969 年 5 月，“鞍山”号开始进行改装，拆除了原有的鱼雷发射系统，装上了双联装反舰导弹发射系统，成为人民海军最早导弹化的主力军舰。

完成改装后，“鞍山”舰一直服役到 1992 年 4 月，退出现役后成为珍贵的历史文物。“鞍山”舰服役期间，作为主力舰艇，无数次参与执行海上演练、演习等任务，并在海防一线执行作战任务。

1980 年 5 月 19 日，“鞍山”舰在 4 艘猎潜舰的护卫下，在青岛举行了已故国家主席刘少奇骨灰的撒放仪式。

“鞍山”舰（舷号 101）

"济南"舰（舷号 105）

051 型驱逐舰

进入 20 世纪 60 年代，我国开始探索自行研制大型舰艇，051 型驱逐舰就是我国独自研制的第一代导弹驱逐舰。

1968 年 12 月，051 型驱逐舰的首舰在大连造船厂正式开工建造，1970 年 7 月下水。此后经过一年多的舾装、海试，1971 年 12 月底，首舰正式交付人民海军北海舰队，舷号 105。1986 年 12 月，105 舰被命名为"济南"舰。

1973 年 9 月，105 舰在海军试验基地进行导弹飞行试验，单射、齐射均获得成功。此后，海军联合工业部门，对导弹驱逐舰的导弹发射装置进行了设计鉴定，并根据使用经验对发射装置进一步改进，改善了导弹贮存的环境与操作使用条件，同时提高了驱逐舰在复杂海况下的适航性能。

1987 年，"济南"舰再次进行大型改装，在主后甲板上面加装了一层甲板，安装了一个双直升机机库，可以同时停放两架直 9 型反潜直升机，以及配套的机载设备，大大提升了整体反潜能力。

除了配备两架反潜直升机之外，"济南"舰的武器系统还包括 2 座 130 毫米舰炮、3 座双联装 37 毫米高射炮、4 座双联装 25 毫米高射炮，其反舰武器系统主要包括 2 座 3 联装反舰导弹以及反潜深弹发射装置。

2007 年 11 月，"济南"舰在青岛退役。在其服役期间，该舰先后完成了导弹、火炮等多种武器系统及舰载机系统、作战指挥系统等 1400 多项装备试验，航迹遍布渤海、黄海和东海，圆满完成了 1000 多项新装备试验任务，为中国海军主力舰艇的改进、定型、生产做出了重大贡献。

“银川”舰（舷号 107）

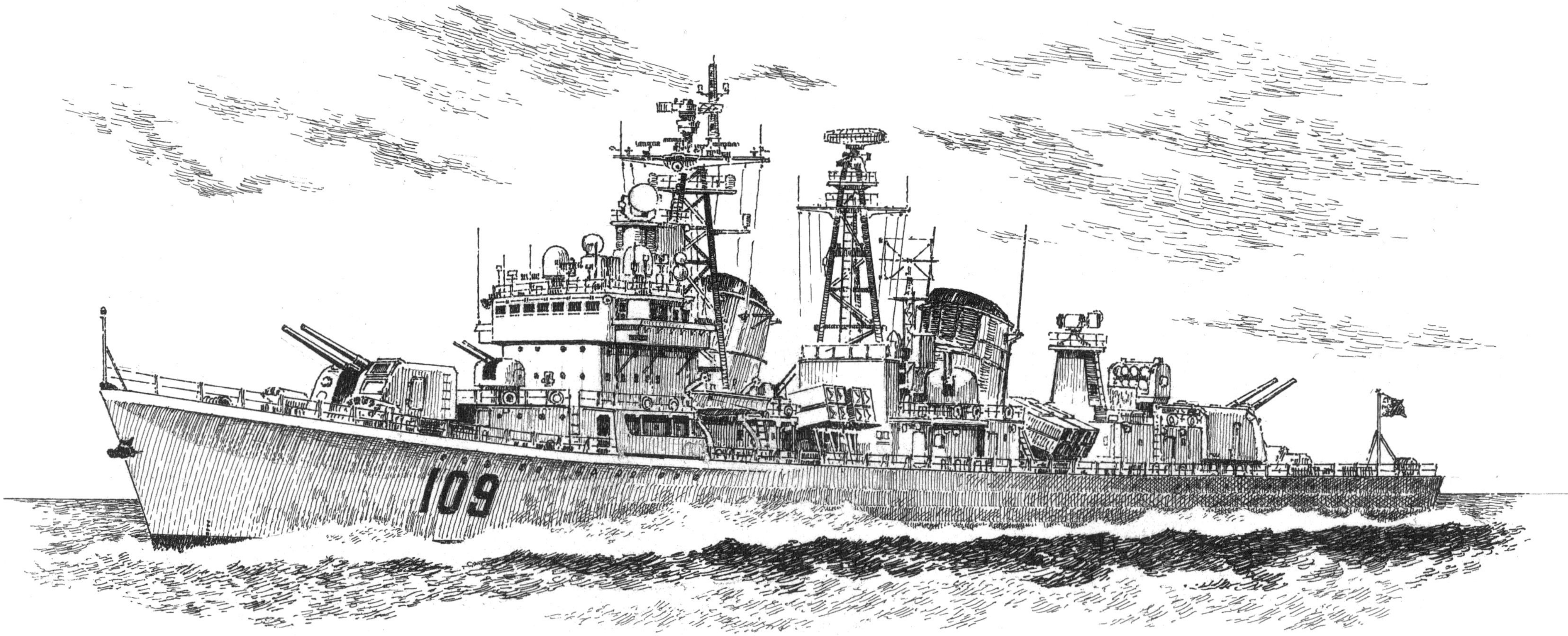

“开封”舰（舷号 109）

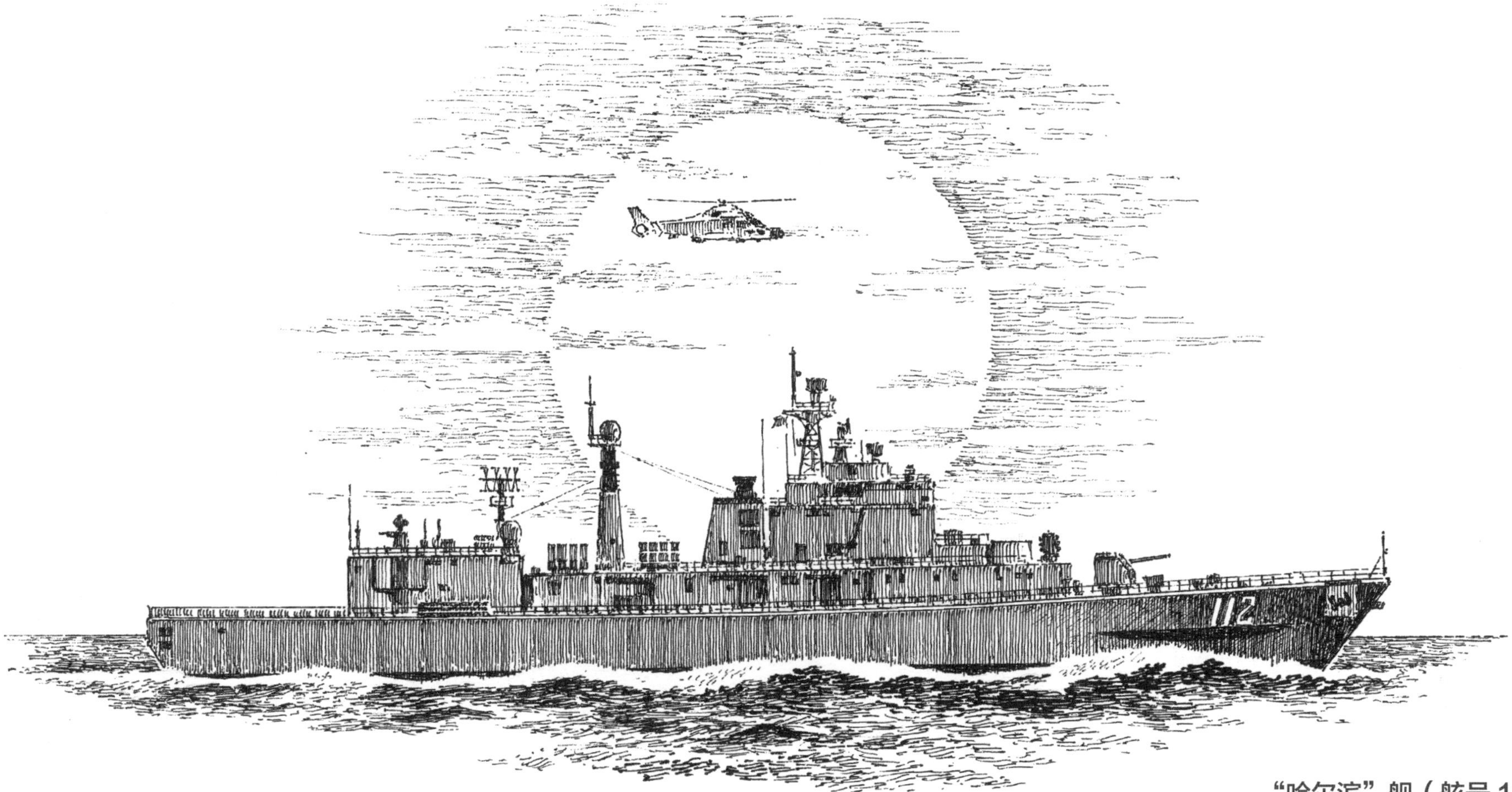

“哈尔滨”舰（舷号 112）

052 型驱逐舰

走向大洋，是人民海军早在创建之初就定下的远大目标，而要走向大洋就必须有先进装备的强大支撑。20 世纪 80 年代末 90 年代初，我国开始独自设计建造新一代海上主战装备，即 052 型第二代导弹驱逐舰。

作为052型驱逐舰的首舰，112号导弹驱逐舰的建造工作开始于1989年9月，1991 年 8 月正式下水。经过多年的海上测试，1994 年 5 月，112 舰正式交付人民海军，编入北海舰队，并命名为“哈尔滨”舰。112 号驱逐舰在设计过程中，参考借鉴了西方以及苏联的设计和经验，很好地平衡了战舰的高速性能和适航性能，同时留有很大的改装余地。112 舰标准排水量 4200 吨，满载排水量 4800 吨，航速 31 节，各项指标远远超过 051 型第一代驱逐舰。

112 舰的主战武器除了一座双管 100 毫米炮之外，还包括 8 枚反舰导弹，以及 8 联装防空导弹发射架，所以该舰也是人民海军第一艘具备反舰、防空、反潜等完整作战能力的主战舰艇。自服役以来，112 舰先后多次进行现代化改装，最近的一次改装于 2011 年完成，改装之后的 112 舰拥有了更为强大的反舰、防空作战能力，焕发出新的活力。

“青岛”舰（舷号 113）

“青岛”舰（舷号 113）是 052 型驱逐舰的第二艘，1992 年 2 月在上海开工建造，1996 年 5 月 28 日正式进入北海舰队服役。

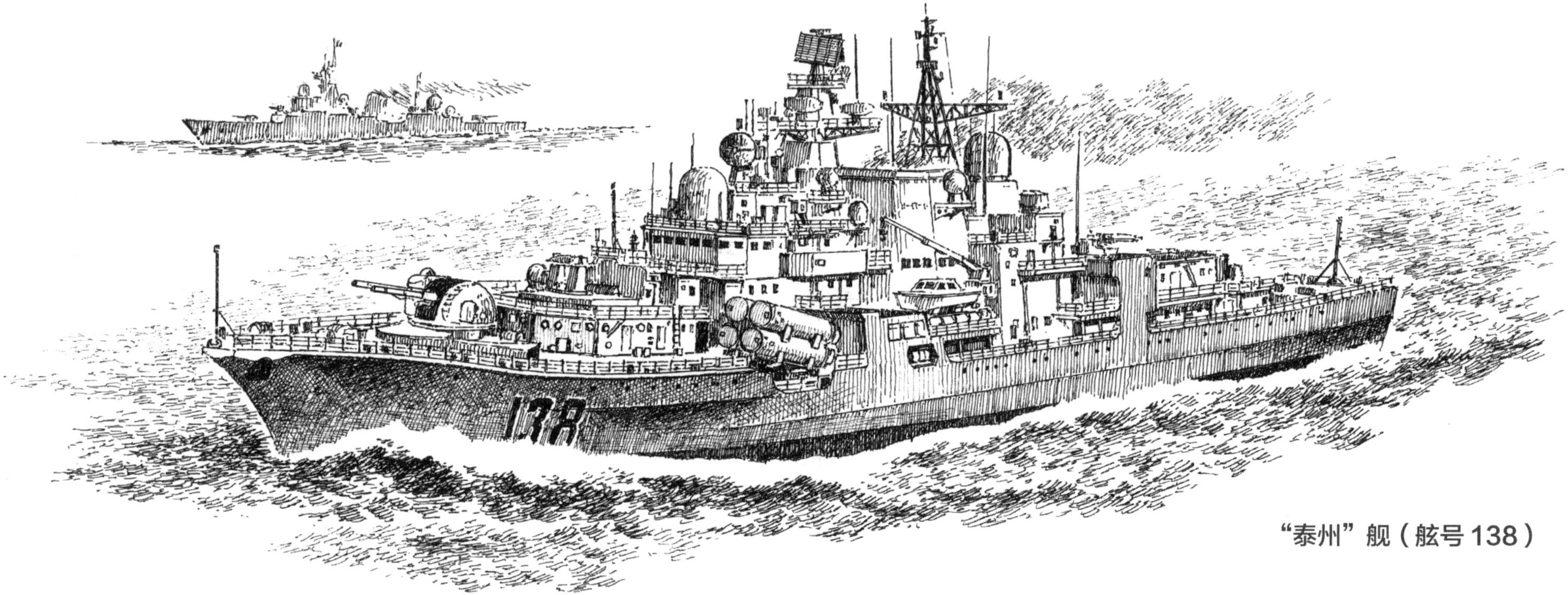

“泰州”舰（舷号138）

965E/EM型驱逐舰

20世纪末，人民海军水面舰艇现代化进程加速，4艘俄罗斯制造的“现代”级驱逐舰的加入，在其中扮演着重要角色。

1996年，我国海军首批订购了两艘“现代”（即俄罗斯956E型）驱逐舰，分别于1999年和2000年交付，编入东海舰队服役。在这之后，我国追加了一份购买合同，再采购两艘“现代”级驱逐舰，这次采购的是最新改进型956EM。第二批“现代”级于2005年底到2006年间交付，编入东海舰队。

“现代”级标准排水量6500吨，最大排水量超过8000吨，这4艘“现代”级驱逐舰在之后很长一段时间里一直都是人民海军装备中吨位最大的主力战舰，分别是136舰“杭州”舰、137舰“福州”舰、138舰“泰州”舰和139舰“宁波”舰。

“现代”级配备了先进的防空导弹系统、弹炮合一防空系统，以及超声速反舰导弹系统，其整体反舰和防空能力与当时的国产驱逐舰相比均有大幅提升，也使人民海军首次拥有了区域防空能力。

“宁波”舰（舷号 139）

051B 型驱逐舰

人民海军在推进主战装备大型化、现代化的道路上，在不同的发展时期有着不同的路径选择。20 世纪 90 年代后期，人民海军一方面寻求从俄罗斯采购新型导弹驱逐舰，一方面也积极联合国内工业部门共同推进自主研制大型导弹驱逐舰。

167 号驱逐舰“深圳”舰是我国自主设计制造的 051B 型驱逐舰的首舰，该型驱逐舰正是基于上述思想，由我国工业部门独自研制的第一种超过 6000 吨的导弹驱逐舰。

167 舰在设计过程中着眼长远，采用流线型舰体，舰体及上层建筑侧壁倾斜，创新性地采用了塔式桅杆，这些设计能够明显降低舰体的雷达反射信号，有利于提升整舰的隐身性能。在舰载设备方面，设计部门充分利用当时有利的国际国内环境，通过引进、消化、吸收，在动力系统、武器系统、电子系统等方面大量采用了来自西方的装备。

“深圳”舰于 1996 年 5 月开工建造，1997 年 10 月下水，1998 年 8 月开始海试。1999 年 1 月，“深圳”舰正式服役，并编入南海舰队，成为南海舰队的旗舰。

“深圳”舰设计之时主要考虑以反舰为主，兼具一定的防空与反潜作战能力。所以，该舰的反舰武器装备较以往的国产驱逐舰相比提升明显，装备了 16 枚反舰导弹，射程超过 120 千米。此外，该舰还装备了双 100 毫米舰炮，以及 4 门双管 37 毫米防空高炮。在最近的升级改装中，防空高炮被拆除，换成了 2 座 1130 型近防炮，同时舰上原有的防空导弹系统也被 32 单元的防空导弹垂直发射系统取代。

“深圳”舰（舷号 167）

167
167

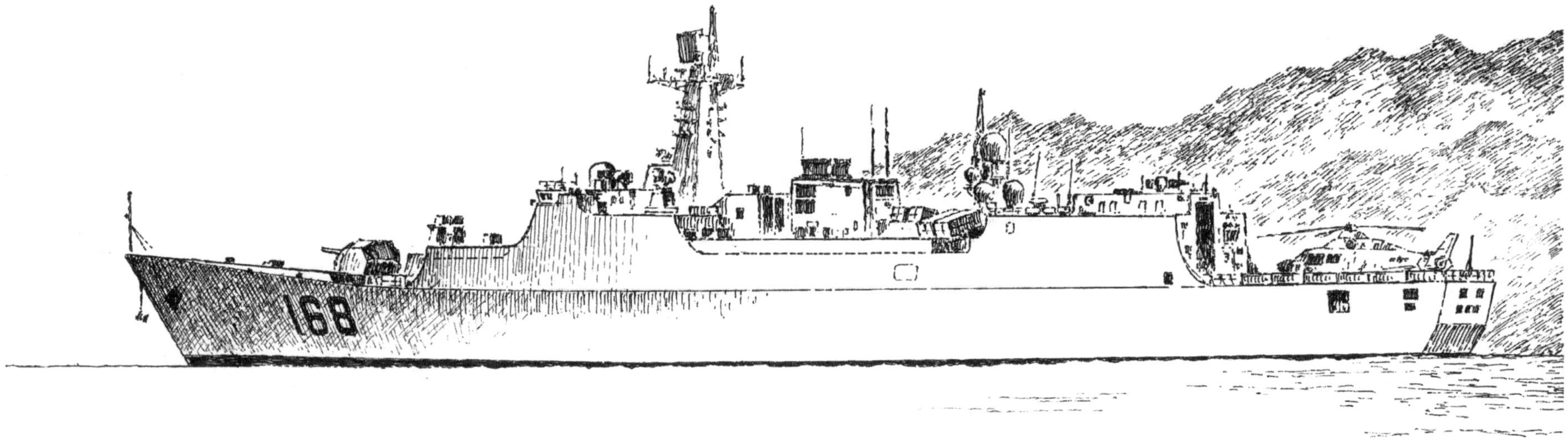

"广州"舰（舷号 168）

052B 型驱逐舰

历经 051 型、052 型、051B 型等多型导弹驱逐舰的研发制造，我国工业部门在新型导弹驱逐舰的设计制造方面积累了一定的基础和经验。20 世纪 90 年代末，国际局势日益复杂，我国经济快速发展也对海军的远洋作战能力提出了更高的要求。

随着 167 舰的服役，设计建造新型导弹驱逐舰被提上日程。1999 年，新型导弹驱逐舰完成设计定型，即 052B 型。首批两艘先后在上海江南造船厂开工建造，并分别于 2002 年 5 月、2003 年 1 月下水。

与之前的型号相比，052B 的舰体设计更为修长，舰艏采用无外飘大角度飞剪设计，舰艉采用小楔形尾设计，上层建筑具有明显的一体化设计特征。这种设计方式可以大大提高舰艇的快速性、抗浪性，且在一定程度上也减小了舰艇在高速航行时的阻力，使得舰艇整体机动灵活，快速性好。052B 型驱逐舰采用国际上流行的"柴 – 燃一体"联合动力系统，主机为燃气轮机，辅机为柴油机，提高了动力系统的可靠性。

2004 年 7 月，052B 型首舰 168 舰"广州"舰在南海舰队服役，二号舰 169 舰"武汉"舰也于当年年底交付海军，同样隶属南海舰队。

168 舰在舰艏甲板安装了一门 100 毫米自动舰炮，具备射速快、精度高等优点。作为一种具备区域防空能力的新型驱逐舰，168 舰在舰艏和舰艉机库顶部各配备一座防空导弹系统，舰桥两侧配备 730 近防系统。168 舰的反舰能力较以往的型号有明显提升，在舰体中段配备了 4 座四联装反舰导弹发射系统，反舰导弹最大射程超过 180 千米，导弹在距离目标 5 千米时可以降低高度至距水面 5 米左右，之后加速并爬升，对导弹进行高速俯冲攻击。

近年来，根据人民海军的建设需要，工业部门也在对 168、169 舰不断进行升级改进，使其能够适应现代化战场的需要。

“武汉”舰（舷号 169）

"石家庄"舰（舷号 116）

051C 型驱逐舰

116 号驱逐舰"石家庄"舰，是 051C 型驱逐舰的二号舰，2004 年正式开工建造，2005 年 7 月下水，2007 年 3 月正式加入北海舰队服役。051C 型驱逐舰作为 051B 的改进型，依然贯彻了当时海军装备建设方面"快改进、小批量"的发展原则。051C 在研制过程中，沿用了 051B 的舰体设计，因此其外形特点与 051B 型驱逐舰高度一致，但是在舰载系统方面有很大改进。在舰载系统方面，051C 取消了红旗 -7 短程防空导弹，更换为 6 组 8 联装垂直发射防空系统，其中 2 组位于舰炮前方位置，另外 4 组位于后甲板原机库位置上方。新型防空导弹最大射程超过 150 千米，这也使 051C 型驱逐舰具备了区域防空能力。其主要反舰武器为 2 座 4 联装反舰导弹发射系统，此外还有一门 100 毫米单管舰炮。

051C 型总计建造了 2 艘，首舰于 2004 年底下水，2006 年底正式服役，编入北海舰队，舷号 115，即"沈阳"舰。

“沈阳”舰（舷号 115）

“兰州”舰（舷号 170）

052C 型驱逐舰

052C 型导弹驱逐舰，是我国第一种采用自主研制的防空导弹垂直发射系统、相控阵雷达系统的导弹驱逐舰，这也使该型号的导弹驱逐舰具备了强大的防空作战能力，足以担负起作战编队的防空任务。

052C 在设计期间，借鉴了 052B 的成熟技术和经验，所以其舰体外形、动力系统等基本上都沿用自后者，经过改进之后更为紧凑和简洁，最大排水量也提高到 7000 吨左右。在舰载电子系统方面，052C 与之前的型号相比最大的改进之处就是装备了一套我国自行研制的相控阵雷达系统，该系统采用 4 面阵的模式，4 面雷达天线安装在舰桥四个方向上，以保证能够对 360 度范围内的目标进行探测和搜索。所以，052C 也因此被称作“中华神盾”舰。

在 052C 上，担负防控任务的主战装备就是我国自行研制的海红旗 –9 型舰载防空导弹系统。防空导弹采用垂直发射模式，共计 8 座 6 单元发射系统，6 座位于前甲板主炮后侧，2 座位于后甲板原直升机库中线纵列布置。052C 型的反舰武器主要就是 2 座 4 联装鹰击反舰导弹发射系统，此外还有 1 门单管 100 毫米舰炮。

052C 首舰“兰州”舰（舷号 170）于 2003 年 4 月下水，2005 年 10 月交付人民海军南海舰队服役。

这标志着中国的主战舰船装备在成熟技术的基础上有了更大的跨越，也标志着中国海军防空能力持续增强，并具备了初步远洋作战能力。

“郑州”舰（舷号 151）

“郑州”舰（舷号 151）是 052C 型导弹驱逐舰的四号舰，隶属于人民海军北海舰队。2008 年底，“郑州”舰正式开工建造，2012 年 5 月初首航，2013 年 12 月底正式入役。入役之后，“郑州”舰多次以单舰、编队等形式参与海军组织的各类反潜、突击、攻防演练，并于 2014 年 5 月 20 日，作为中国海军参演指挥舰，参加了中俄海上“联合—2014”军事演习。

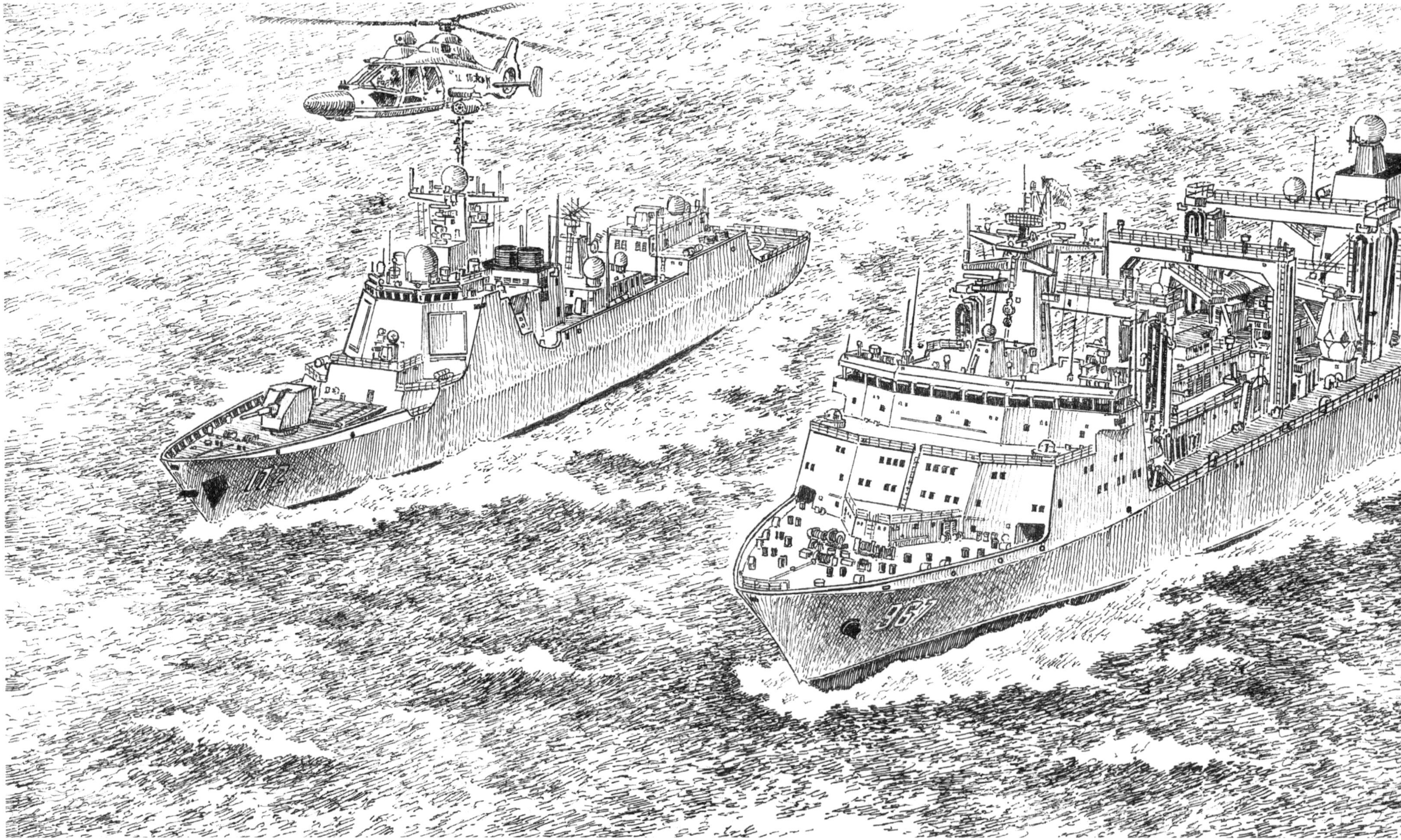

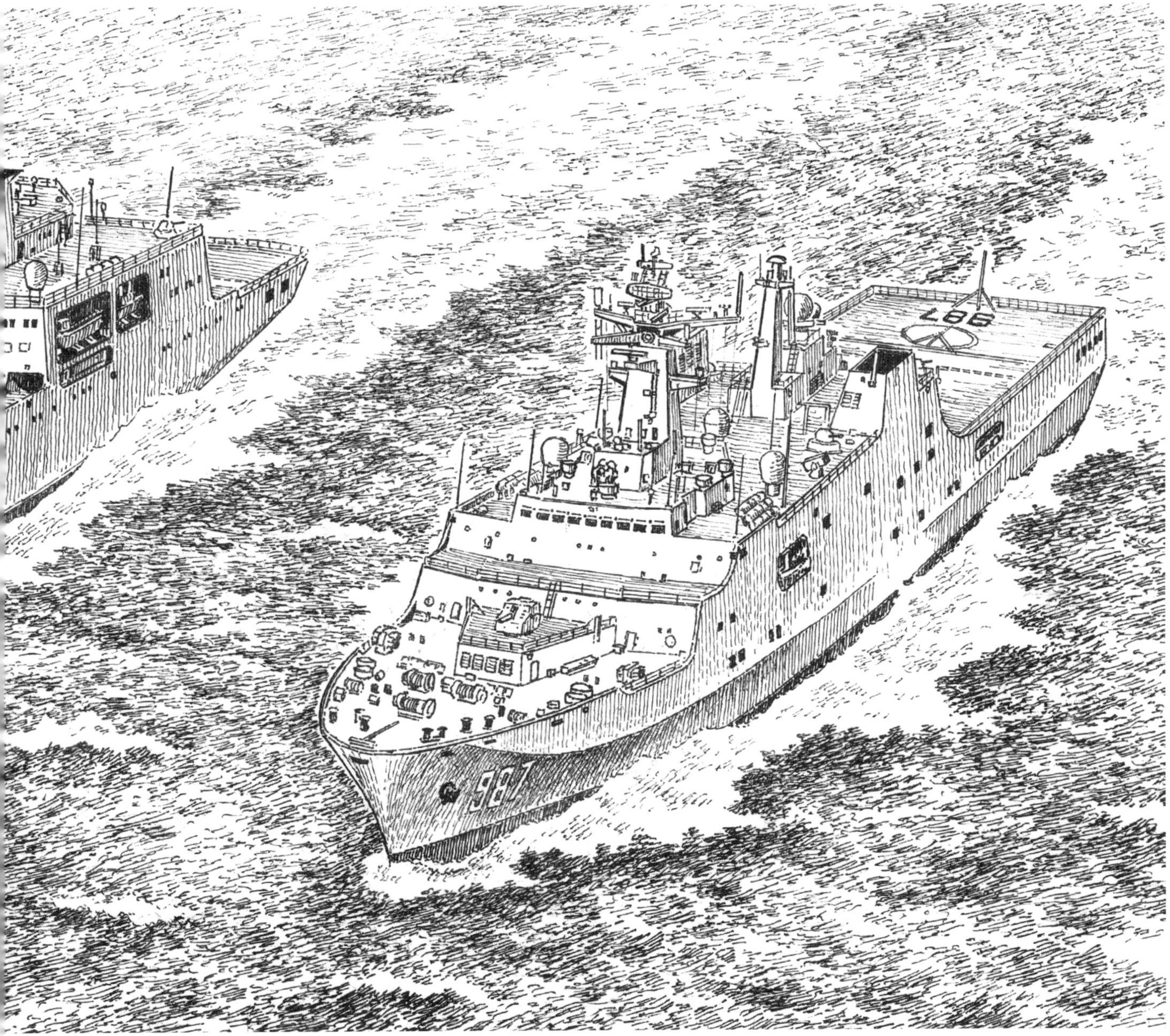

052C 型 172“昆明”舰与 901 型综合补给舰“查干湖”舰、071 型船坞登陆舰“五指山”舰联合举行远洋航行演练。

“昆明”舰（舷号 172）

052D 型驱逐舰

导弹驱逐舰作为我国海军主力水面作战装备，在很长一段时间里，我们在这方面都实行一种小步快跑的发展模式。所以，在 052C 型导弹驱逐舰设计制造的同时，基于该型舰的良好基础，通过整合新的技术，研发新型导弹驱逐舰的工作也同时展开。

052D 作为 052C 的后续型号，换装了主动相控阵雷达系统和通用垂直发射装置，使其成为同时具备强大区域防空能力、反舰与反潜作战能力的全能型导弹驱逐舰。与之前的型号相比，052D 所配备的相控阵雷达天线面积更大，形状近似于正方形，并且取消了原有的弧形雷达罩，与舰体设计更为融合，并且探测距离更远。在 052D 上，采用新的“巧克力”状通用型垂直发射系统，取代了 052C 上使用的转轮式防空导弹专用垂直发射系统，一种发射装置兼顾发射防空、反舰等多种导弹。

2012 年 8 月，首艘 052D 型驱逐舰“昆明”舰正式下水，舷号 172，2014 年 3 月 21 日正式加入中国人民解放军海军战斗序列。截至目前，052D 也是我国海军装备数量最多的导弹驱逐舰型号。

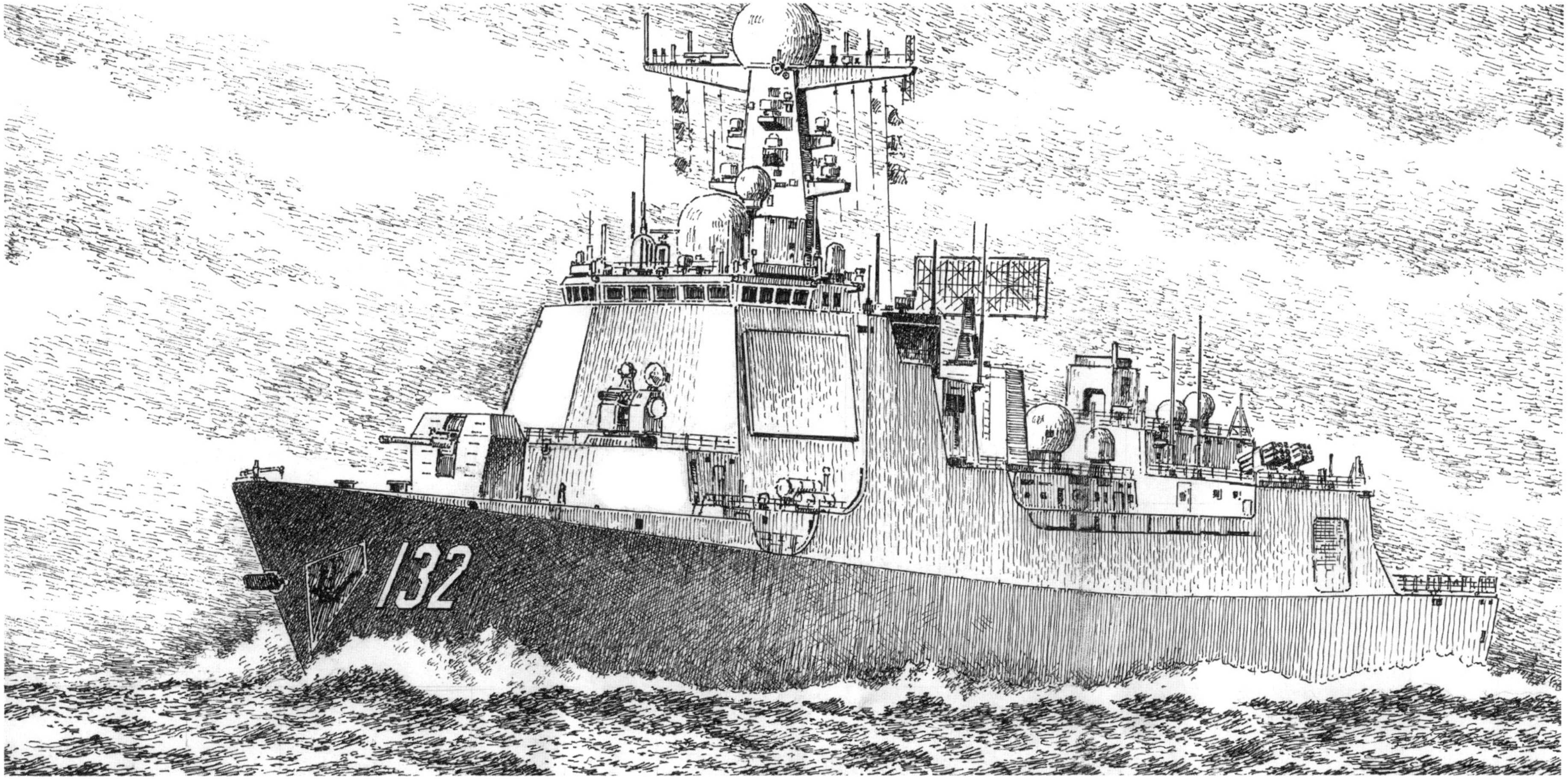

“苏州”舰（舷号 132）

132 舰（“苏州”舰）是一艘 052D 型导弹驱逐舰，满载排水量超过 7000 吨。该舰具有强大的海上攻防能力，既可以单独执行作战任务，也可以同其他海上舰艇编队执行远程警戒、反潜、区域防空、远程攻击等作战任务。

2021 年 1 月，“苏州”舰正式入役，编入东海舰队。2022 年 5 月，“苏州”舰与一艘导弹护卫舰、一艘综合补给舰组成海军第 41 批护航编队，远赴亚丁湾、索马里海域执行远洋护航任务。

055 型驱逐舰

“南昌”号驱逐舰，舷号 101，是中国自主研制的 055 型驱逐舰首舰。“南昌”号驱逐舰装备 130 毫米舰炮、1130 近防炮、红旗 –10 防空导弹、32 管多功能发射器、新型 S 波段有源相控阵雷达、双直升机机库。该舰可发射反舰、防空、反潜导弹，以及对陆攻击远程巡航导弹，同时新增反导作战能力。作为新型远洋驱逐舰，“南昌”号驱逐舰采用了最新的信息、网络无线电电子技术，装备了先进的对空和对海雷达。

2014 年 12 月，“南昌”号驱逐舰在江南造船厂开工建造，2017 年 6 月 28 日下水，2019 年 4 月 23 日参加海上阅兵正式公开亮相。2020 年 1 月 12 日，海军宣布“南昌”舰正式入列服役。

“南昌”舰（舷号 101）

“拉萨”号驱逐舰是中国自主研制建造的新一代 055 型导弹驱逐舰的第二艘，舷号 102，该舰排水量超过一万吨，号称万吨大驱。该舰采用全新动力、新型相控阵雷达，配备 112 单元垂直发射系统，装有防空、反导、反舰、反潜等新型武器，具有较强的信息、防空反导的打击能力，是中国海军实现战略转型发展的标志性战舰。

“拉萨”舰（舷号 102）

护卫舰

FRIGATE

"南宁"舰（舷号 230）

"南宁"号护卫舰

武昌级护卫舰中的"南宁"舰是一艘历史比较曲折的军舰。"南宁"舰原是日本海军在 1942 年 3 月下水的一艘丙型海防舰"满珠岛"号，1945 年 1 月，该舰被美军潜艇在越南海域炸掉舰艏。之后，受重创的"满珠岛"号在运回日本国内的途中，被美国轰炸机彻底击沉，之后虽然被打捞上岸，但是尚未修理完工，日本宣告投降。

新中国成立后，初创的人民海军决心修复这艘只剩半条船身的军舰，经过详细的测绘，设计制造了一个新的前半身，最终将该舰成功修复。1955 年，这艘修复之后的军舰交付人民海军，并被命名为"南宁"舰，也是当时南海舰队排水量最大、最具战斗力的军舰。

“昆明”舰（舷号 205）

6601 型护卫舰

根据中苏双方在 1953 年 6 月 4 日达成的《关于供应海军装备及在军舰制造方面对中国给予技术援助的协定》，苏联政府于 1950—1955 年内负责向中国方面提供包括“50 型”里加级护卫舰在内的 6 型舰艇的生产技术文件及全套器材设备若干套（其中“50 型”护卫舰完整器材设备 4 套）。其中“50 型”护卫舰在国内生产的代号为“6601”型，简称 01 型护卫舰 。

采用苏联套件装配的 4 艘 01 型护卫舰于 1955—1958 年完成建造，首舰于 1957 年 5 月 30 日完成全部航行试验，全部试验共历时 128 天，其中出航 21 天，航行 200 小时，航程 3500 海里。随后，该舰正式交付海军服役，并命名为“昆明”舰。

"南充"舰（舷号 502）

065 型护卫舰

通过从苏联引进生产"01"型护卫舰，一方面使人民海军有了一款实用型主战舰艇，另一方面也培养和锻炼了我国建造大型军舰的能力，并积累了工艺和技术等。

1962 年 12 月，刚刚成立一年半的国防部七院 701 所接到命令，负责为海军设计一款新型护卫舰，海军提出要求 1965 年之前服役，所以新舰也称为 065 型。通过 701 所和沪东造船厂、上海船舶修造厂、上海交大、第四船舶产品设计室等单位的通力合作，1964 年，065 型护卫舰在上海江南造船厂开始铺设龙骨建造，1966 年，新型护卫舰正式加入海军服役。

为了满足南海舰队的需要，065 型护卫舰后来转至广州建造。首批在广州建造的 065 型护卫舰的 3 号舰，就是后来的"南充"舰。该艘护卫舰 1968 年开始服役，1969 年正式编入海军战斗序列，1974 年正式定舷号为 502，1986 年 8 月被命名为"南充"舰。

"常德"舰（舷号 509）

053H 型护卫舰

"常德"号护卫舰（舷号 509）是江湖 I 级导弹护卫舰的第 10 艘。1978 年 1 月 13 日，"常德"舰在沪东造船厂开工建造，1979 年 4 月 29 日下水，1979 年 8 月 6 日—9 月 2 日完成了近一个月的海上试航。1979 年 9 月 30 日，该舰正式交付海军，并命名为"常德"舰，编入南海舰队服役。"常德"舰满载排水量超过 1400 吨，主要武器装备为射程超过 90 千米的 2 座双联装上游-1 反舰导弹系统，以及 2 座 100 毫米舰炮。

2001 年 4 月 26 日，"常德"舰担负为南海撞机英勇牺牲的王伟烈士举行海祭的神圣任务。2006 年底，"常德"舰退役之后转交公安部，经过改装之后编入公安边防海警支队服役，舷号 1002。

“鹰潭”舰（舷号 531）

053K 型护卫舰

053K 型护卫舰是我国自行研制的第一种导弹护卫舰，北约代号江东级。1965 年，面对世界海军先进国家舰艇导弹化的发展趋势，人民海军提出研制一种新型导弹护卫舰。此后经过近两年的协调和论证，新型导弹护卫舰的首舰于 1970 年开工建造。

1971 年 10 月，首舰下水，1972 年正式进入海军服役，命名为“鹰潭”舰（舷号 531）。该舰满载排水量 1900 吨，由于是我国第一种自行设计的防空护卫舰，舰载的防空导弹系统和火炮系统与造舰的进度没有完全契合，导致首舰完工之后，舰载武器系统迟迟不能完成制造和定型。

531 号护卫舰是一艘英雄舰，曾经参加过 1988 年“3 · 14 海战”，战功卓著。

053H2 型护卫舰

“舟山”号导弹护卫舰是 053H2 型（北约代号江湖Ⅲ型）护卫舰的首舰，1987 年 12 月 20 日在上海沪东造船厂开工建造，1989 年 10 月 30 日下水。1990 年 11 月 17 日正式进入海军东海舰队服役，命名“舟山”舰（舷号 537），2006 年，“舟山”舰由东海舰队划拨北海舰队，舷号不变，重新命名为“沧州”舰。

“舟山”舰的满载排水量近 2000 吨，最大航程 7200 千米，主要的武器系统包括 8 枚鹰击 -1 超声速反舰导弹，以及 2 座 100 毫米口径双联自动舰炮。

“舟山”舰（舷号 537）

570

054 型护卫舰

“温州”号导弹护卫舰是我国独自研制的 054 型（北约称为江凯Ⅰ级）第一代隐身导弹护卫舰，舷号 526。“温州”舰于 2003 年 11 月在广州黄埔造船厂开工建造，2005 年 9 月加入中国海军东海舰队。服役之后，“温州”舰先后参加中国海军第四批、第八批赴索马里海域远洋护航任务，并参与了多次重大海上演习。

“温州”号满载排水量近 4000 吨，主要武器系统包括鹰击 −83 反舰导弹、红旗 −7 舰空导弹、100 毫米舰炮等，并搭载一架直 9 反潜直升机。

054A 型护卫舰

“黄山”号导弹护卫舰（舷号 570），是我国独自研制生产的 054A 型（北约称为江凯Ⅱ级）导弹护卫舰中的一艘。“黄山”舰由广州黄埔造船厂建造，2007 年 3 月下水，2008 年交付中国海军南海舰队服役。

作为我国海军在目前装备的最新型护卫舰，“黄山”舰在设计时充分考虑了海上雷达隐身的要求，舰体光滑并采用大倾角设计，动力系统、烟囱，以及机载系统则充分考虑了红外隐身的要求。该舰装备有鹰击 −83 反舰导弹、红旗 −16 垂发系统，并配备了直 9 舰载反潜直升机，具有很强的远洋作战能力，服役之后多次参加中国海军赴索马里海域远洋护航任务，以及重大演习任务。

“温州”舰（舷号 526）

“黄山”舰（舷号 570）

“潍坊”号导弹护卫舰是中国海军的054A型护卫舰，舷号550，沪东造船厂建造，2013年入列服役。“潍坊”舰多次参加亚丁湾护航和多国海军的联合军演，是中国海军的外交明星舰之一。

“潍坊”舰（舷号550）

"聊城"舰（舷号608）

056型护卫舰

"聊城"号导弹护卫舰属于056型轻型导弹护卫舰系列，该系列也是目前我国海军现役数量最多的护卫舰，现役总数超过60艘，是我国近海巡逻的主力舰艇。

作为我国新一代轻型护卫舰，"聊城"舰舰长89米，舰宽12米，满载排水量1400吨。搭载了一座单管76毫米舰炮、一套8联装红旗-10防空导弹、4枚鹰击-83反舰导弹，并可以根据任务需要搭载反潜直升机，具备出色的近海作战性能。

608

5020

炮艇 猎潜艇 导弹艇 鱼雷艇

GUNBOAT /SUBMARINE HUNTING / MISSILE BOAT / TORPEDO BOAT

“先锋一号”先锋艇

第一代海上先锋艇原为一艘日本船，1935 年下水，日本投降后被国民党政府接收，解放战争胜利之后编入人民海军。

1950 年 5 月 25 日，人民海军创建之后的第一次海战——万山海战中，“先锋一号”艇在海战中与远超自身吨位的敌军炮艇展开激战，并最终迫使其缴械投降，在之后的战斗中又协同“解放”号炮艇击沉一艘敌军炮艇。“先锋一号”面对总吨位远大于自己的敌军炮艇，勇敢出击，敢打必胜，创造了人民海军以小艇打大舰、以劣势装备胜优势装备的成功战例，取得缴获一艘、击沉一艘的光辉战果。

1965 年 5 月 24 日，国防部授予南海舰队“先锋一号”快艇“海上先锋艇”的荣誉称号。当年，“先锋一号”退役，换装为我国自己制造的高速炮艇。

55 甲型炮艇

1954 年，我国在引进苏联 P6 型木壳鱼雷艇图样的基础上，研制成功 6602 型木壳鱼雷艇。为了解决人民海军对高速炮艇的急需，在苏联专家的建议下，技术人员对 6602 型鱼雷艇进行改进设计，并在 1954 年 7 月完成了 0101 型木壳炮艇的设计图样，之后不久又完成了 0102 型钢壳炮艇设计图样，分别交由青岛造船厂和上海沪东造船厂试制。

然而，由于当时设计经验不足，导致试制出来的高速炮艇最大速度远远低于设计指标，加上当时的制造工艺、材料等方面的不足，使得 1955 年 5 月初下水的试制首艇全部的试航过程长达近半年。1955 年 12 月，首艇验收合格交付海军，正式定型并命名为 55 甲型炮艇。

55 甲型炮艇满载排水量 73 吨，长 25.5 米，装备两台柴油机作为动力，最高航速 23 节，主战武器为 2 座双管 37 毫米机关炮，具有出色的战斗力。

62 型护卫艇

20 世纪 50 年代，人民海军装备的各类炮艇巡逻艇，在面对敌人的大型舰艇时逐渐暴露出速度慢、火力弱、协同能力差等缺点，所以迫切需要新的舰艇弥补这些不足。1960 年，海军综合各个单位的设计，提出了 0111 型护卫艇方案，并于当年开工建造，1961 年建成试航。

海军在对 0111 型首艇进行测试之后提出了改进方案，并将其命名为 0111 甲型护卫艇，即 62 型艇。62 型艇除了 0111 甲型艇以外，在建造中还经过了很多次改进，制造出了 0111 乙型艇、0111 丙型艇等改进型，总建造数量 390 多艘，出口 90 多艘。

62 型护卫艇能够执行海上作战、护航、巡逻，以及反潜、布雷等任务，采用 4 台高速柴油机，最高航速可以达到 30 节，在武器方面装备了 2 座双联装 37 毫米舰炮、2 座双联装 25 毫米舰炮，此外还可以携带水雷、深水炸弹等武器。62 型护卫艇是人民海军一型战功卓著的装备，在“八六海战”中扬威海疆。

1231

6604 型猎潜艇

猎潜艇是以搜潜和攻潜为主要作战任务的舰艇，同时还能执行巡逻、警戒、护航等海上日常任务，在人民海军装备序列中有着重要地位。1953 年 6 月，根据中苏之间签订的相关协议，苏联向中国提供 43 型猎潜艇的生产技术和部分产品，该艇在国内称作 6604 型猎潜艇。1955 年 1 月，根据苏联提供的船体分段、设备和器材，第一艘 6604 型猎潜艇开工建造，三个月后顺利下水，并于 1956 年 3 月顺利通过验收。6604 型猎潜艇总计建造了 14 艘，1957 年底全部完成建造并交付海军。

6604 型猎潜艇正常排水量 320 吨，大吨位保证了其具有强悍的火力配置，包括 1 座单管 85 毫米舰炮、2 座单管 37 毫米舰炮、6 座反潜深弹投掷装置，另外还有海上布雷装置等。

037 型猎潜艇

037 型（海南级）猎潜艇，是在苏联转让的部分 6641 型猎潜艇的技术图样基础上，由国内设计单位根据海军提出的要求独自设计制造。037 型猎潜艇首艇是在广州黄埔船厂建造的，1962 年底下水，1964 年 11 月正式服役。为了满足海军的急需，上海、青岛的造船厂也于 1972 年开始建造 037 型艇，总建造数量超过 100 艘。

037 型猎潜艇满载排水量超过 390 吨，主要武器包括 57 毫米、70 毫米、25 毫米舰炮，深水炸弹投放装置，后期还可以根据需要换装反舰导弹。

在 1974 年 1 月 19 日的西沙海战中，281 号、282 号猎潜艇接到命令后迅速出击，赶往战场增援。在当天中午的战斗中，281 号艇勇敢出击，敢打必胜，用舰炮将南越海军“怒涛”号击沉，创下了光辉战绩。

037 I S 型猎潜艇

20 世纪 80 年代，随着改革开放和中西方交流的增多，研究机构开始在海军舰艇的研制过程中引入西方理念和设备。037 型猎潜艇的第一代改进型 037I 型就是这个时代的产物，后者适当加长了舰身，调整了武器配置，选装了西方的拖曳式声呐等。

037IS（海青级）则是在 037I 型基础上改进而来，艇长增加到 62.8 米，满载排水量 480 吨，并采用了一体化的上层建筑和封闭式舰桥，采用 4 台柴油机作为动力系统，最大航速超过 30 节。舰载电子设备更加完善，并且武器自动化水平也大大提高。

037Ⅱ型导弹艇

037Ⅱ型（红箭级）导弹艇是专门为驻港部队研发的海上装备，红箭级于1987年12月签订了首艇的建造合同，1989年7月首艇正式开工建造，1990年12月下水，1994年5月交付部队，其总体技术已达到了20世纪90年代初期的先进水平。

红箭级装备了3台大功率柴油机，其最大航速可以达到34节，30节航速续航里程超过800海里，具备一定的远海航行和作战能力。作为新型导弹艇，红箭级的主要武器系统包括2座三联装鹰击-8改进型反舰导弹发射装置，以及1座37毫米自动舰炮和2座30毫米自动舰炮。

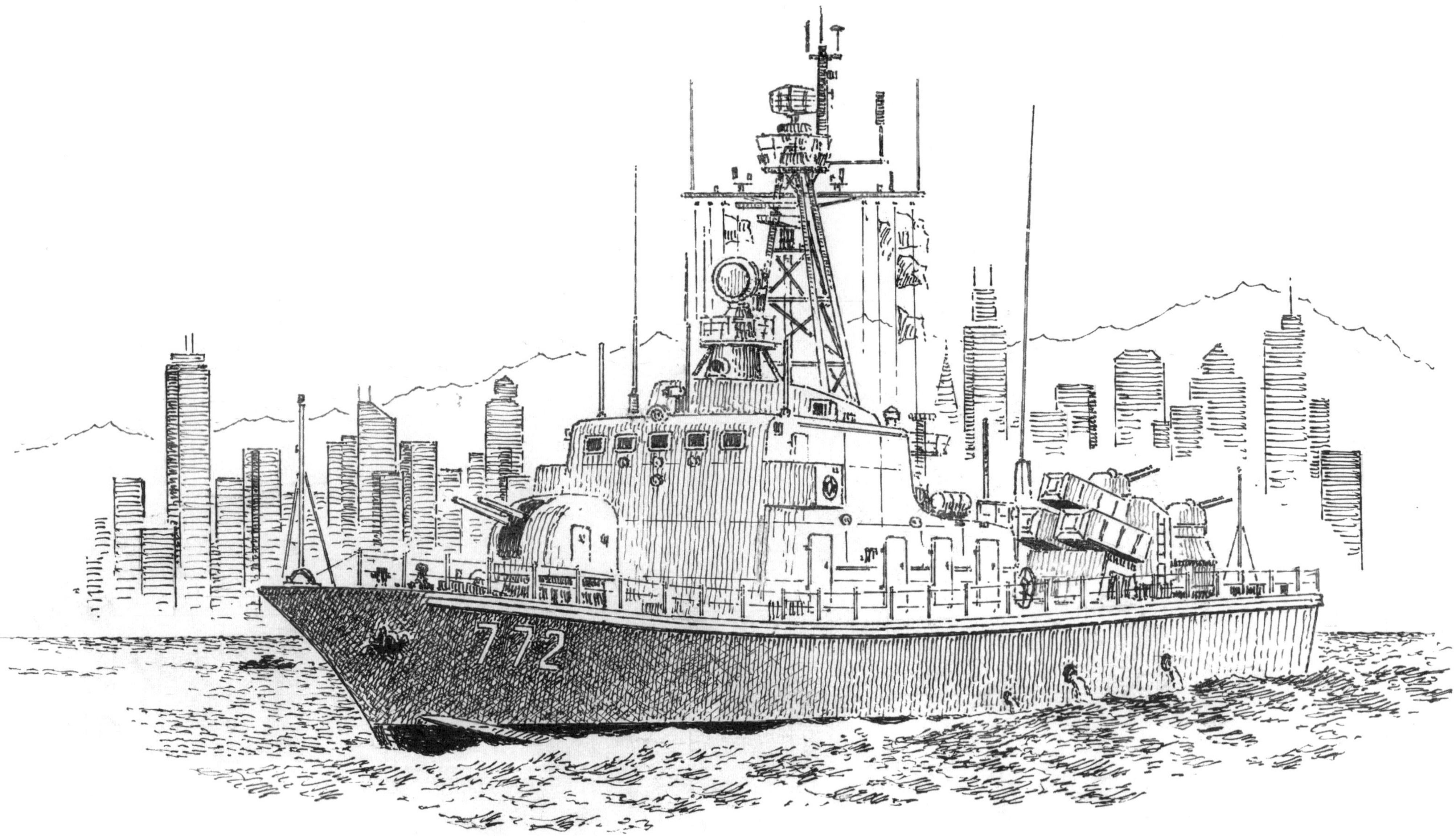
772

024 型导弹艇

随着反舰导弹的出现，海上快艇的打击能力也开始出现质的飞越，导弹与快艇的结合水到渠成。20 世纪 50 年代末，苏联向我国转让了 5 型舰艇，其中就包括基于 P6 级鱼雷艇改装的蚊子级导弹快艇。

引进蚊子级之后，国内开始对其进行仿制，并命名为 6623 型。然而由于种种原因，6623 型的仿制并不成功。因此，海军决定在该艇的基础上进行改进设计，研制我国自己的导弹快艇。设计过程中，研究人员将原艇的木质结构改为全钢结构，重新设计了螺旋桨，快艇的航速大大提高。1966 年，新设计的快艇完成了水上试验的导弹发射试验等全部研制工作，正式交付海军服役，并命名为 024 型导弹快艇。024 型导弹快艇满载排水量 74 吨，最大航速 38 节，主要武器系统就是 2 座上游 -1 号反舰导弹发射装置，以及双联装 25 毫米舰炮。

022 型导弹艇

022 型导弹艇是世界上第一种采用高速穿浪式船体设计的导弹快艇，因其首艇舷号为 2208，所以被称为 022 型。022 型快艇在设计上统筹考虑了高速航行和隐身需要，艇体低矮扁平，外形简洁流畅，雷达截面积与 30 吨的小艇相当。

022 型快艇采用喷水推进器，能够使其在各种海况下高速航行，艇身后段两侧设计有大型倾斜结构的导弹发射装置，每侧可以容纳 4 枚反舰导弹。

022型导弹艇具有隐身、高速、攻击火力强等诸多特点，也是人民海军在探索积极的近海防御战略，结合当时的技术发展推出的一型海上小型作战舰艇。022型导弹艇服役之后，立刻引起了国内外的关注，并在诸多海上演习中展示了出色性能。

913

登陆作战舰艇

AMPHIBIOUS WARFARE SHIPS

071 型两栖船坞登陆舰

长期以来，我国海军两栖登陆舰队都存在舰艇吨位小、运载能力有限、垂直登陆能力严重缺乏等问题。进入 21 世纪，随着周边形势的不断变化，我国急需提升和强化两栖作战能力。071 型两栖船坞登陆舰就是在这样的背景下研发制造的。

071 型两栖船坞登陆舰在设计时充分考虑了整体隐身能力，线条简洁干练，舰体为高干舷平甲板型，长宽比较小，舰身宽满，适航性能非常突出。071 型登陆舰满载排水量 25000 吨，是我国首次建造万吨级以上的军舰，能够搭载坦克、装甲车辆、自行火炮、登陆艇等装备，并具有很强的海上自卫能力。

071 型首舰“昆仑山”舰于 2006 年 6 月开工，2006 年 12 月 20 日下水，2007 年 11 月底交舰成军。071 型二号舰在 2010 年 11 月 18 日下水，被命名为“井冈山”舰，于 2012 年初服役。截至目前，071 型总计建造了 8 艘，已全部交付入役。

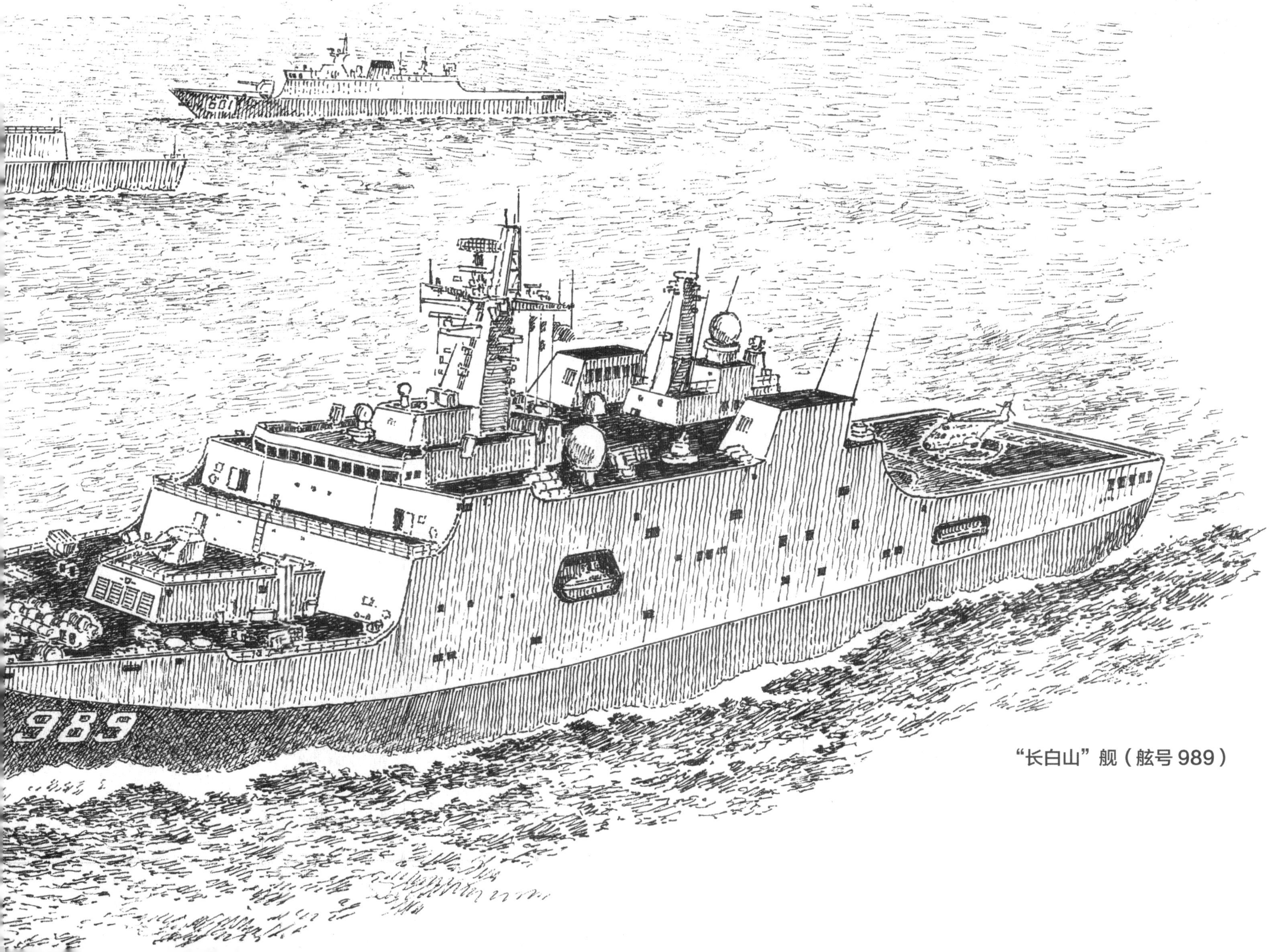

“长白山”舰（舷号 989）

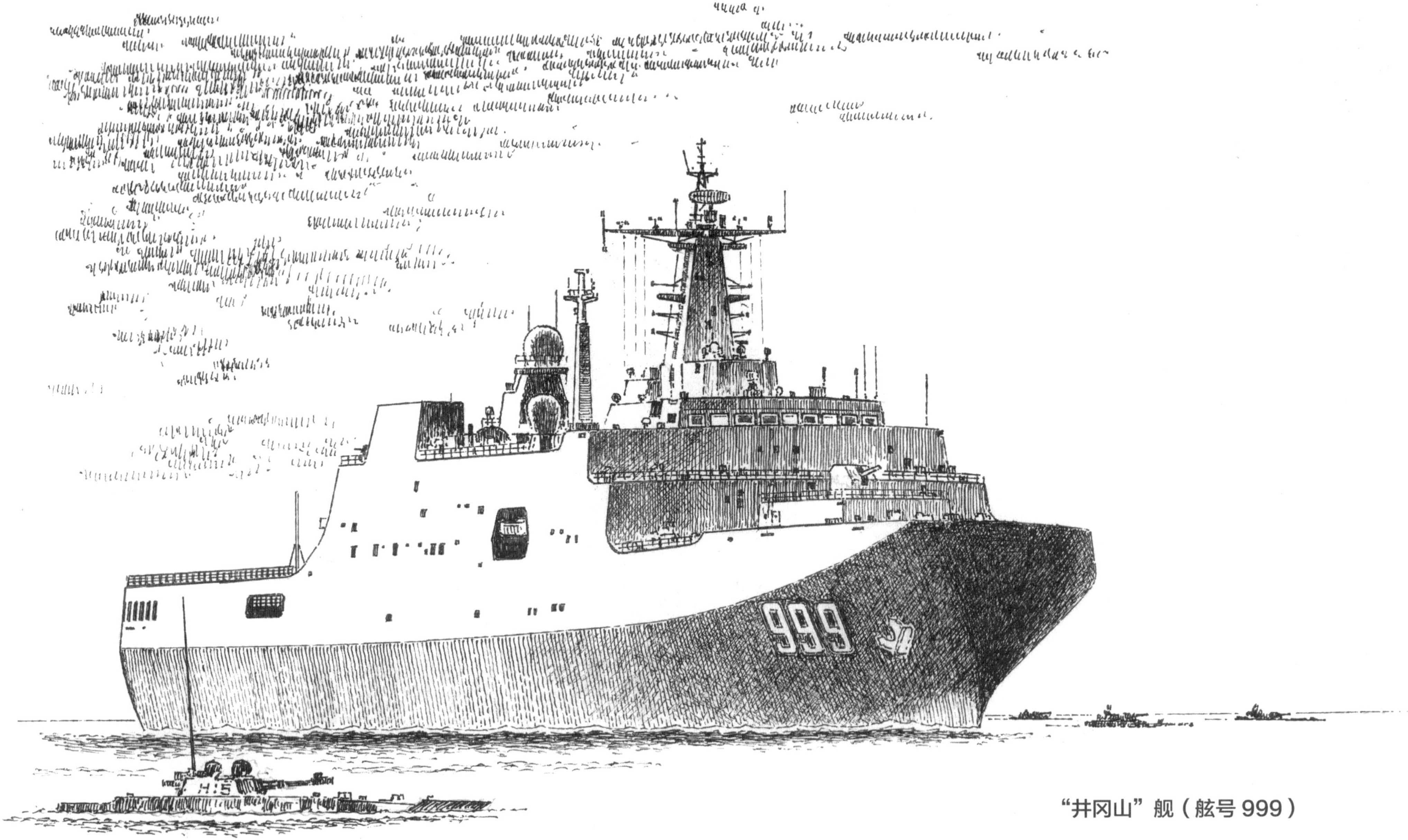

“井冈山”舰（舷号 999）

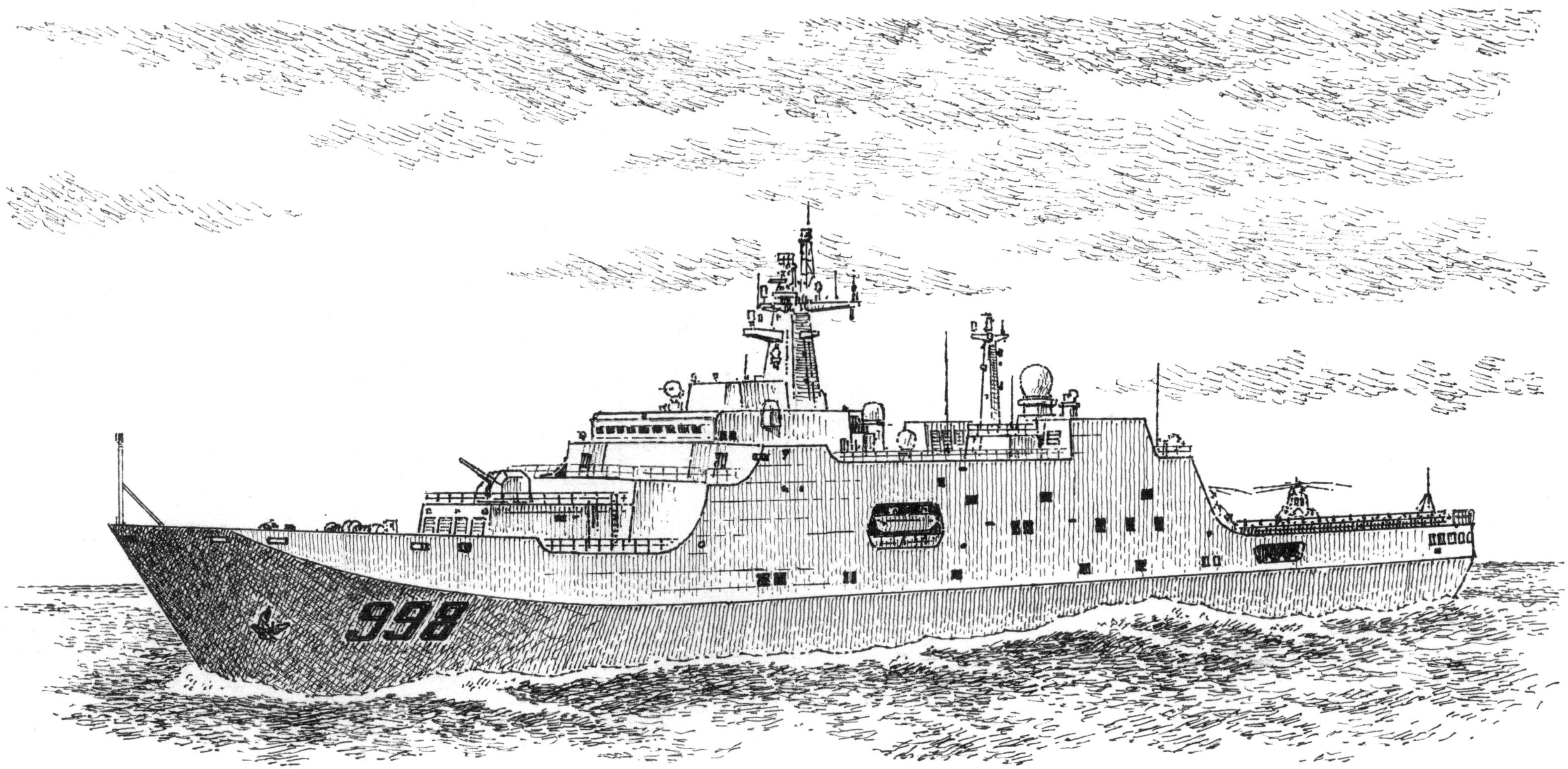

“昆仑山”舰（舷号 998）

“天目山”舰（舷号 916）

072A 型坦克登陆舰

072A 型坦克登陆舰是我国在 21 世纪初自行设计生产推出的新型坦克登陆舰，外观简洁，线条流畅，舰桥一改早期型号的杂乱风格，变为封闭式舰桥。072A 型“天目山”号坦克登陆舰，舷号 916，长 119.5 米，型宽 16.4 米，满载排水量约 5000 吨，最大航速 20 节。该型登陆舰是我国海军近年来建造和装备的新型坦克登陆舰，舰桥由开放式改为封闭式，有较好的隐身性，同时直通甲板的设计更方便两栖登陆装备的快速装载和通过。

2016 年 1 月 12 日，“天目山”号坦克登陆舰正式服役，该舰主要用于输送登陆部队实施滩头登陆、运输补给、伤员护送等任务及其他非战争军事行动。武器方面，“天目山”舰设有舰炮系统，舰艉设有飞行甲板，可满足直升机起降。

“徂徕山”舰（舷号 915）

072A 型“徂徕山”号坦克登陆舰于 2016 年 3 月 7 日正式服役，编入东海舰队，舷号 915。

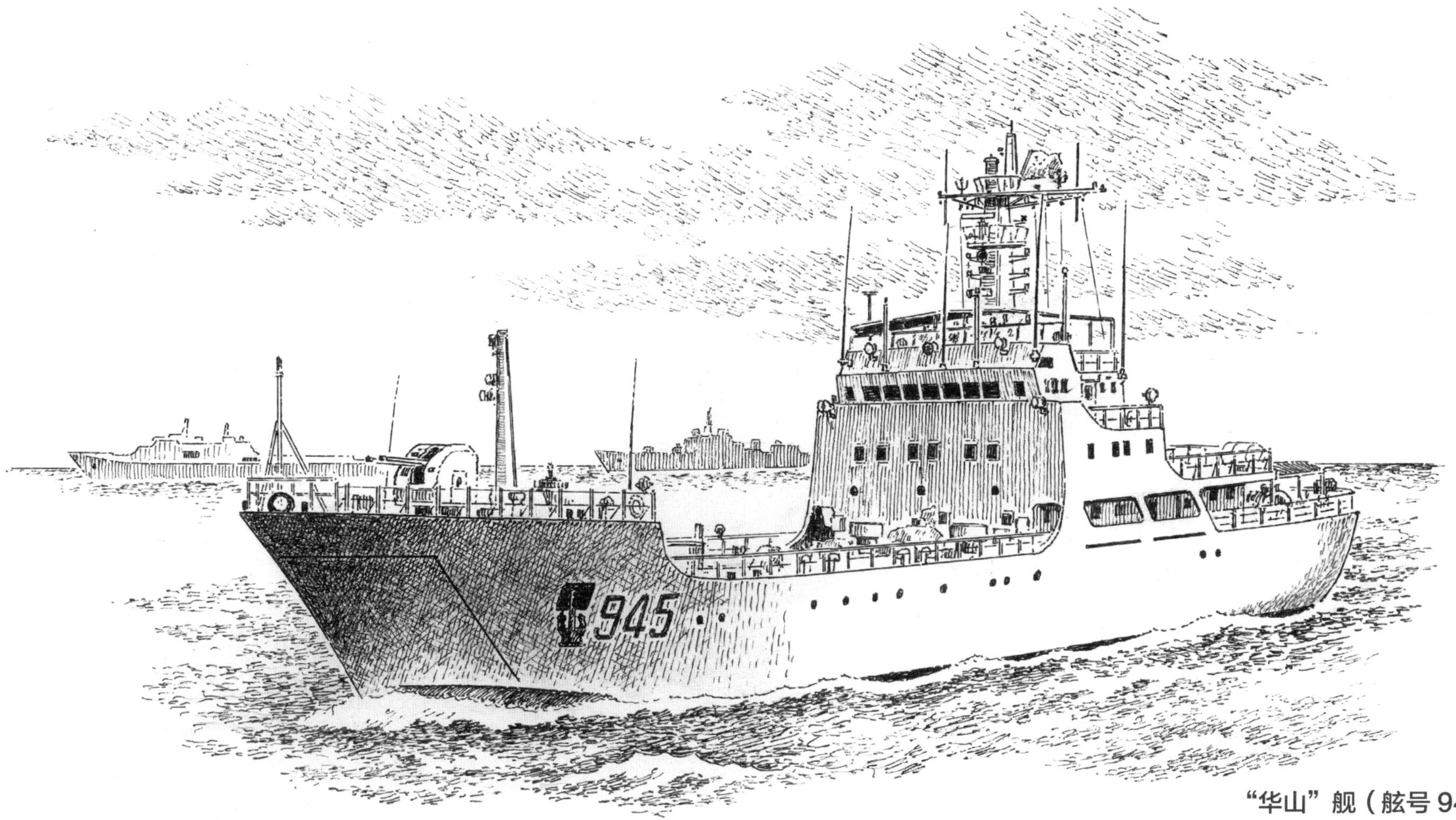

"华山"舰（舷号 945）

073A 型登陆舰

073A 型登陆舰是我国自行设计生产的中型登陆舰，可以担负两栖登陆作战、人员及物资运输、辅助补给，以及布雷任务，它的装备使我国两栖作战模式从单一平面登陆发展到立体登陆。

073A 型登陆舰全长 87 米，满载排水量 2000 吨，采用一般船型船艏，对开封闭式舰艏舱门，舱门内设折叠式跳板，舰体内为贯通式坞舱，车辆可由舰艏舱门通过跳板或后部坞门跳板进出。执行作战任务时，该舰可以搭载中型坦克、水陆两栖坦克、登陆艇或卡车等。

073A 型总计建造了 10 艘，"华山"号是其第 5 艘，舷号 945，2004 年进入人民海军服役，编入南海舰队。

33 型实验气垫艇

20 世纪 50 年代初，英国人考克雷尔等人首创了较完整的气垫理论：如果利用升力风扇将压缩空气注入气囊，并从船体周边的射流喷口射出而形成气垫，就可以将船“抬起”离开水面。1958 年，英国建成了第一艘有人驾驶的气垫船“SRNI”号。其实在同一年，我国也研发了一款代号“33”的气垫试验艇并成功进行了试航，这也成为我国在气垫技术领域的初次尝试。

722 Ⅱ型气垫登陆艇

20 世纪 70 年代中期，西方和苏联海军已经开始广泛使用气垫登陆艇作为快速登陆装备，受此影响，人民海军也提出了对气垫登陆艇的需求，并先期进行技术验证。1975 年，国内研究机构根据海军需求，设计出了 722 型中型全垫式气垫登陆试验艇。1979 年，722 型试验艇建成并投入测试，总重 65 吨，最大载荷 15 吨，最大航速 90 千米 / 时。

1983 年，随着燃气轮机的研制成功，研究机构在 722 型试验艇的基础上进行改进，换装了燃气轮机作为动力装置，改善了耐波性及船体的抗腐蚀性，并命名为 722 Ⅱ型。1988 年，第一艘 722 Ⅱ型气垫登陆艇建造完成，随后投入试航，1989 年在完成各类试航之后交付海军试用。

遗憾的是，由于 722 型和 722 Ⅱ型气垫登陆艇的动力系统自重太大，导致运载能力有限，所以并没有进行批量建造。但是，722 试验艇的制造成功，标志着我国气垫船技术已经跨入实用化阶段。

726 型气垫登陆艇

作为两栖船坞登陆舰由海向陆投送装备的主要运载工具，726 型气垫登陆艇（北约称为玉义级）是作为 071 型登陆舰的配套设备同时展开研制的。

726 型气垫登陆艇排水量为 150 ~ 160 吨，最大载重量约 50 吨，最高航速可达到 60 ~ 80 节。726 型气垫登陆艇是 071 型两栖船坞登陆舰能否实现设计功能的重要子系统，部署时，一艘 071 型登陆舰的坞舱可停放 4 艘 726 气垫登陆艇，一艘 726 型登陆艇可载一辆主战坦克或一辆 ZTD–05 两栖突击车和两辆 ZBD–05 两栖步兵战车和陆战队员 80 人。

726 型登陆艇的首艇于 2008 年开始建造，2009 年 12 月下水，2010 年进入海军服役。与之前的型号相比，726 型登陆艇具有航速高、两栖性强的特点，大大提高了冲击上陆、抢滩速度，增大了战术突然性，并可在冰雪、沼泽、礁滩上航行。

“欧洲野牛”级大型气垫登陆艇

“欧洲野牛”级气垫登陆艇是乌克兰制造的世界最大的气垫登陆艇，主要用于运送战斗装备和登陆部队，最大航速超过 60 节，满载排水量超过 550 吨。与世界现役其他气垫登陆艇相比，“欧洲野牛”级具有运载能力强、抗风浪性能出色等特点，但是由于其体型尺寸所限，该艇不能搭载母舰，只能自己续航执行运输任务。

864

辅助战斗舰艇

AUXILIARY COMBAT SHIP

“荣成”舰（舷号 811）

6610 型扫雷舰

6610 型扫雷舰是我国以苏联 254M 型扫雷舰为基础，改进仿制的人民海军第一代扫雷舰。6610 型扫雷舰的首舰于 1956 年 7 月在武昌造船厂开工建造，1958 年 9 月中旬交付海军服役。该舰在建造的过程中，并没有按照苏联的设计原封照搬，而是对舰上的通风系统、发电设备等根据人民海军的实际需要进行了改进，其后期建造的批次全部采用了国产材料和设备。1981 年底，6610 型扫雷舰正式定型，截至 1987 年底停产，总计生产了 38 艘。

6610 型扫雷舰满载排水量 570 吨，除了能够执行扫雷作业外，该舰还配备了 2 座双联装 37 毫米舰炮，能够执行近距离海战任务。

081 型扫雷舰

081 型扫雷舰是人民海军装备的新型近海扫雷舰，满载排水量约 1000 吨，具有隐蔽性能好、续航能力强、扫雷精度高等特点。081 型扫雷舰第一批首舰于 2006 年下水，2007 年 3 月 5 日服役，编入东海舰队，并命名为“张家港”舰，舷号 805。

“张家港”舰（舷号 805）

905 型综合补给舰

905 型（北约称为福清级）综合补给舰是人民海军装备的第一种具有油水干货综合补给能力的大型补给舰艇。905 型综合补给舰首舰于 1970 年在大连开工建造，1979 年 12 月正式交付人民海军服役。服役之后，该舰舷号和名称曾多次更改，2003 年被重新命名为“洪泽湖”舰，舷号 881，编入东海舰队。目前两艘 905 型均已退役。

905 型总计建造 4 艘，舰长 160 米，满载排水量 21740 吨，能够携带超过 1 万吨的燃油及 500 吨的淡水，可以同时为三艘舰船补给油料、淡水及干货物资。

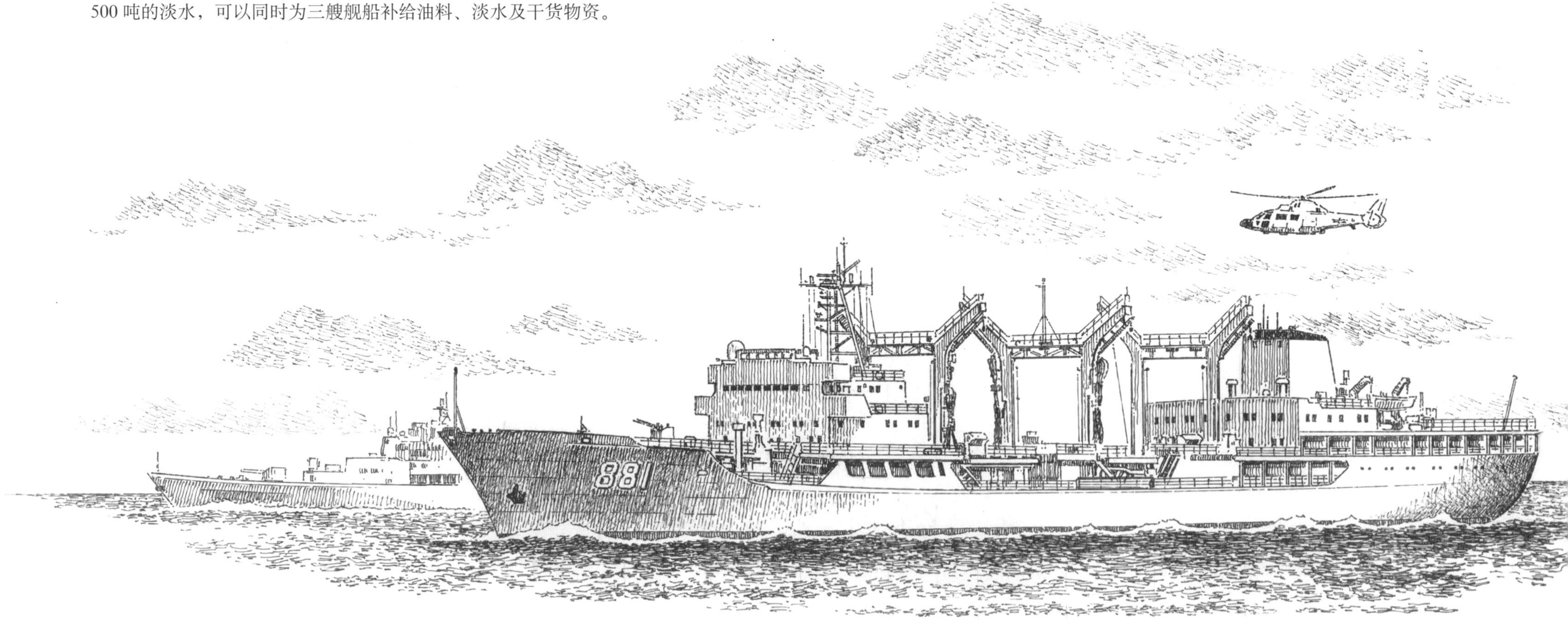

“洪泽湖”舰（舷号 881）

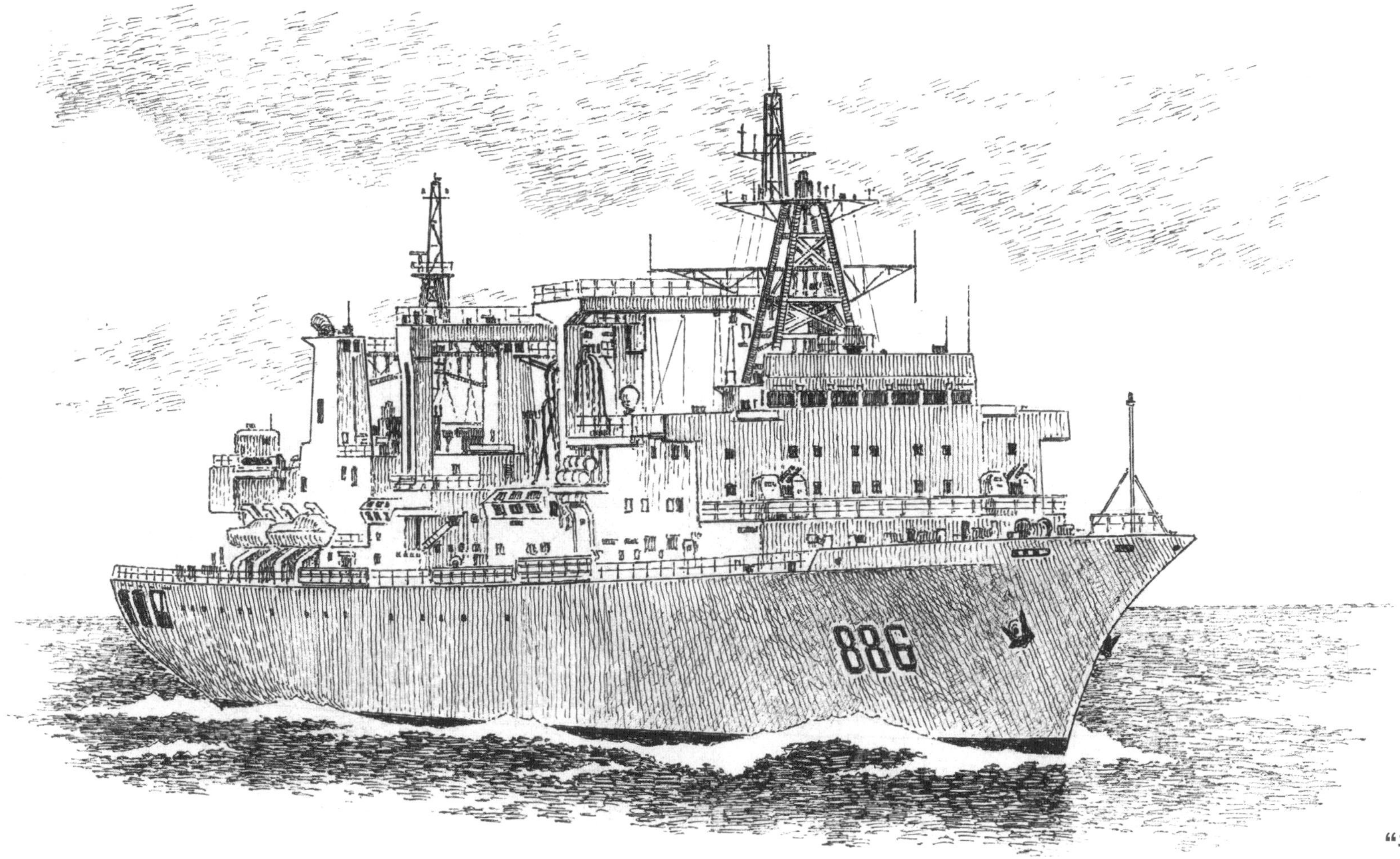

“千岛湖”舰（舷号 886）

903A 型综合补给舰

903A 型是我国设计制造的新一代大型远洋综合补给舰，与 905 型相比综合补给能力大大提高，它具备两舷三向四站同时补给能力，可通过横向、纵向、垂直等方式在各种复杂情况下完成舰队补给任务。903A 型最大航速近 20 节，因此可以伴随舰队行动，从而使我国海军编队具备了稳定的远洋航行和作战能力。

“千岛湖”舰，舷号 886，是 903A 远洋补给舰的首舰，2003 年 3 月下水，2004 年 4 月服役，入列东海舰队。“千岛湖”舰一度是我国海军中服役的吨位最大的军舰，服役之后先后 4 次随编队前往索马里海域执行护航任务，并参加了国内、国际领域多次大型联合军演，创下了人民海军首次远海夜间三舰并靠补给、首次红海海域护航、首次与外军舰艇进行航行补给演练等多个海军首次，刷新了海军单舰执行护航任务时间最长、完成任务次数最多两项纪录。

“巢湖”舰（舷号 890）

“巢湖”舰是903A 型补给舰的第 4 艘，舷号 890，满载排水量 20000 多吨，于 2012 年 5 月 7 日下水，2012 年 12 月下旬出海海试，2013 年 9 月 12 日正式交付服役，入列东海舰队。2014 年 3 月，“巢湖”号编入海军第 17 批护航编队，远赴索马里海域执行远洋护航保障任务。

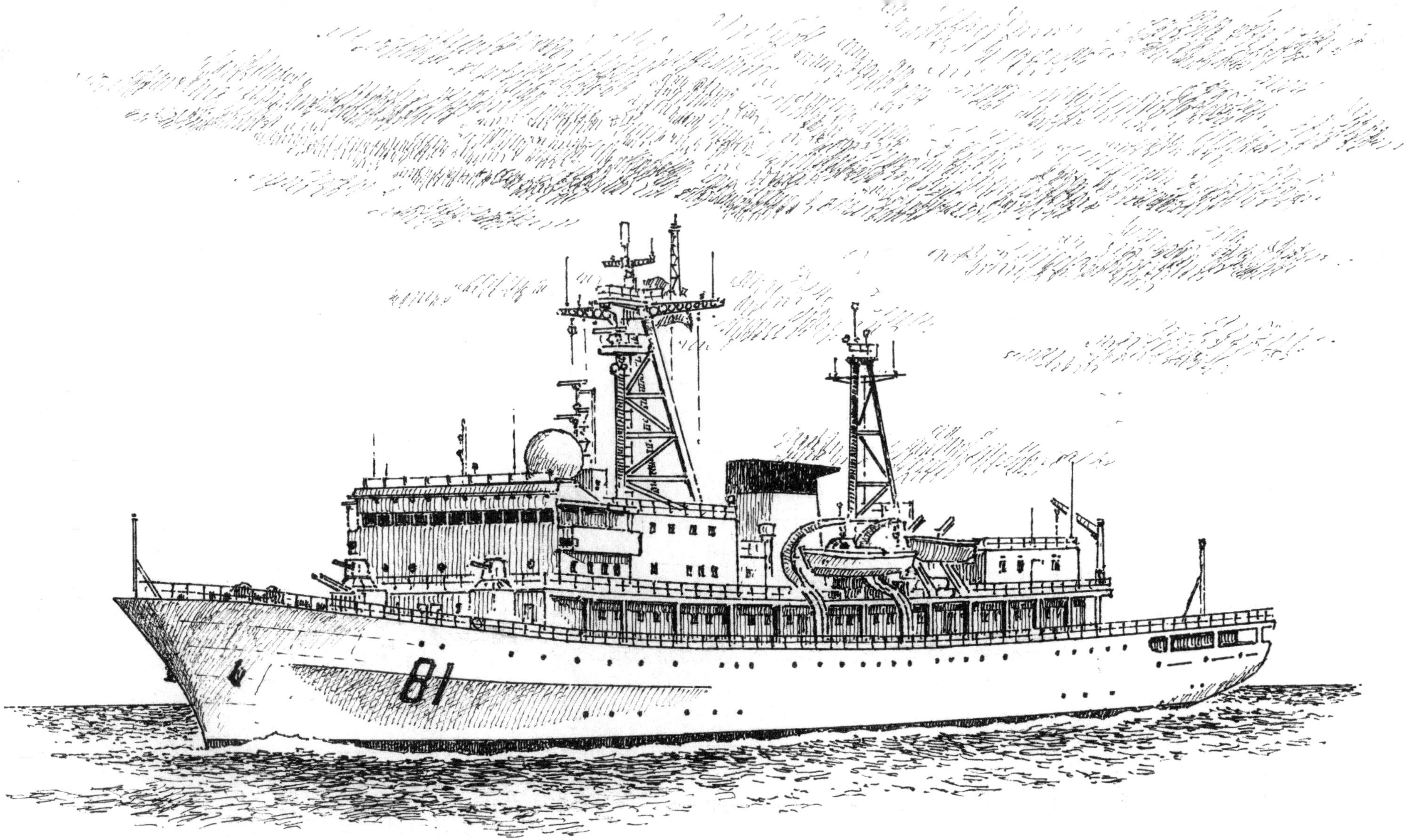

“郑和”号训练舰

“郑和”号训练舰，舷号 81，是我国设计建造的第一艘远洋航海训练舰，主要用于海军院校学员航海综合训练。“郑和”号于 1985 年 7 月由建造方和海军正式签订建造合同，1986 年 7 月 12 日下水，经码头试验、航行试验后，于同年 12 月 30 日完工，1987 年 4 月交付海军，入列大连舰艇学院管辖。该舰教学、训练设施齐全，能够同时进行航海、观测、通信、机电、武器、医疗等数十个课目的实习训练。

“世昌”号训练舰

“世昌”号训练舰，舷号82，是以民族英雄邓世昌名字命名的综合训练舰，也是我国唯一一艘国防动员舰，能够执行航海训练、医疗训练、舰载机训练、军民用物资运输、科学实验等多种军民用任务。

“世昌”号于1996年12月服役，排水量近万吨，货舱容量6000立方米，甲板可以装载300个标准集装箱，因而可以根据任务需要快速改装为医疗船、直升机母舰或者是物资运输舰。作为“郑和”号兄弟舰，“世昌”号训练舰也划归大连舰艇学院管辖。

“破浪”号风帆训练舰

中国人民解放军海军第一艘风帆训练舰，舷号86，舰名“破浪”号。

“南拖 189”号拖船

拖船是人民海军装备序列中的重要辅助类舰船，主要以承担海上救助、拖带任务为主，同时兼顾执行海上应急搜救、应急抢修、消防灭火、协助潜救、装备维修、备件供应及搭载模块化装备等任务。

“南拖 189”号拖船是我国海军第二代 9000 马力多功能远洋拖船，采用钢质船体、舯后为单甲板、舯前为多甲板、中机型、双桨、双舵，由柴油机驱动。舰长 84.90 米，宽 14 米，吃水 5.5 米，设计排水量为 3300 吨。2012 年建造完成并进入人民海军服役。

“北缆 764”号布缆船

布缆船是用于敷设和回收海底电缆的海洋工程船舶，是现代海军一种常见的重要辅助舰船。布缆船与海军其他舰船装备相比，其船艏设计比较宽大，并且常常采用内嵌式的滑轮结构，以满足布缆作业需要。

“北缆 764”号布缆船是由我国研究所独自设计的布缆船，能够完成电缆、浮标等敷设和海上布放。该船长 71.5 米，满载排水量超过 1350 吨，采用两台柴油机作为动力，最大航速达到 16 节。

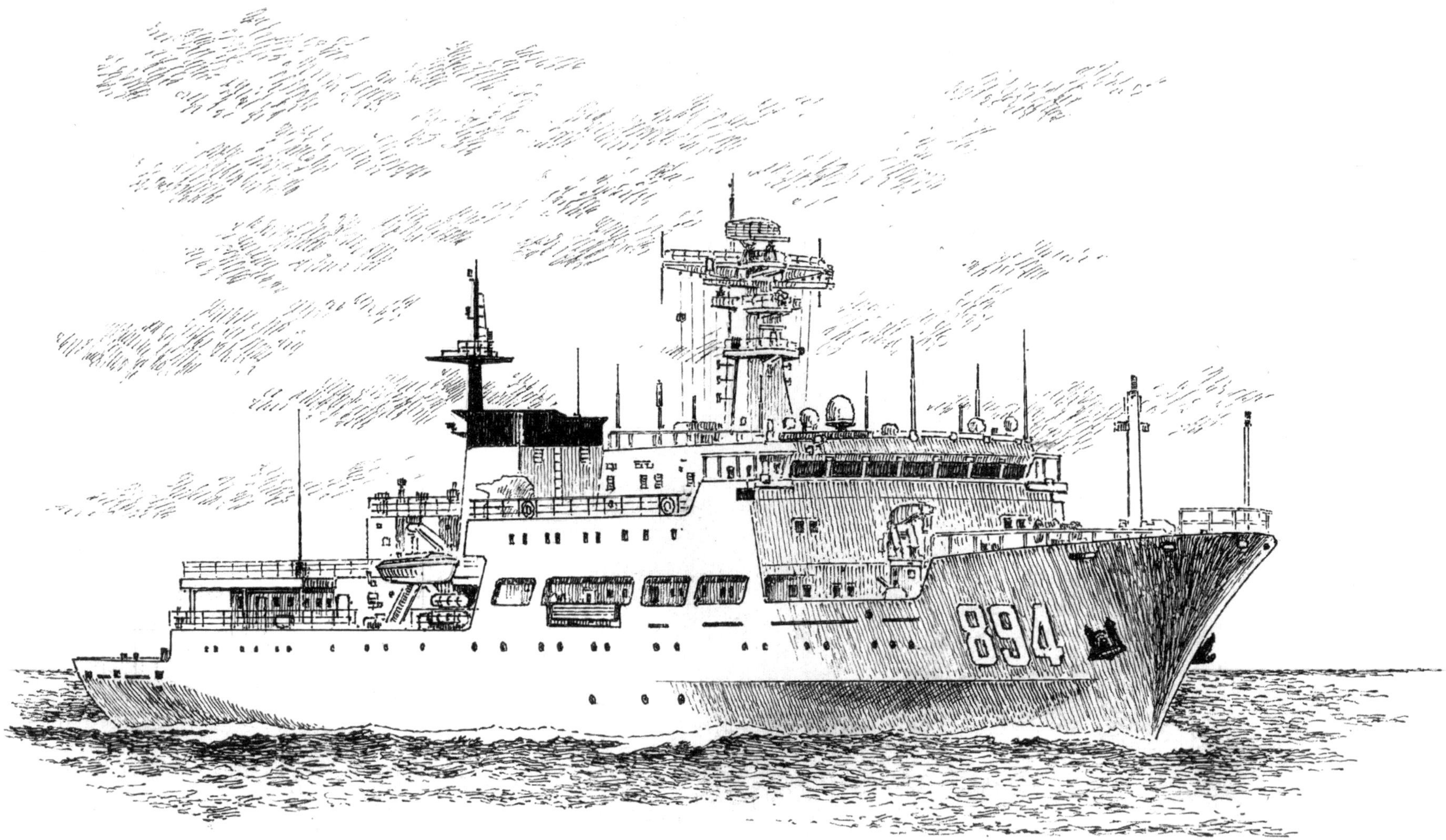

“李四光”号试验舰

海军武器装备的信息化、智能化、体系化发展，对技术试验、武器测试的试验平台和试验手段提出了越来越高的要求，“李四光”试验舰就是基于这个大背景研制设计的。

“李四光”号试验舰是由我国自主研发设计、建造的最新型综合试验舰，于 2012 年开工建造，2013 年 11 月下水。该舰全长 129.3 米，宽 17 米，满载排水量 6080 吨，具有信息化程度高、技术性能优良等特点，服役之后大大提升了我国海军海上科学试验、武器测试等能力。

926 型潜艇支援舰

潜艇支援舰，是当潜艇遇到故障或者出现事故时，帮助艇员撤离、对潜艇进行维修的辅助型舰船。由于其作业环境的特殊性，潜艇救援舰通常都配备声呐系统、救生潜艇、潜水钟、减压舱、压缩空气系统等装备。

926 型潜艇支援舰是我国自主设计、建造的最新型综合潜艇支援舰，926 型潜艇支援舰首舰“海洋岛”号，舷号 864，于 2010 年初服役，满载排水量达到 9500 吨。执行任务时，该舰的舰艉投放装置能够在短时间内将深海救生艇投放至最大 300 米深度，一次能够从事故潜艇中救出 18 名艇员。

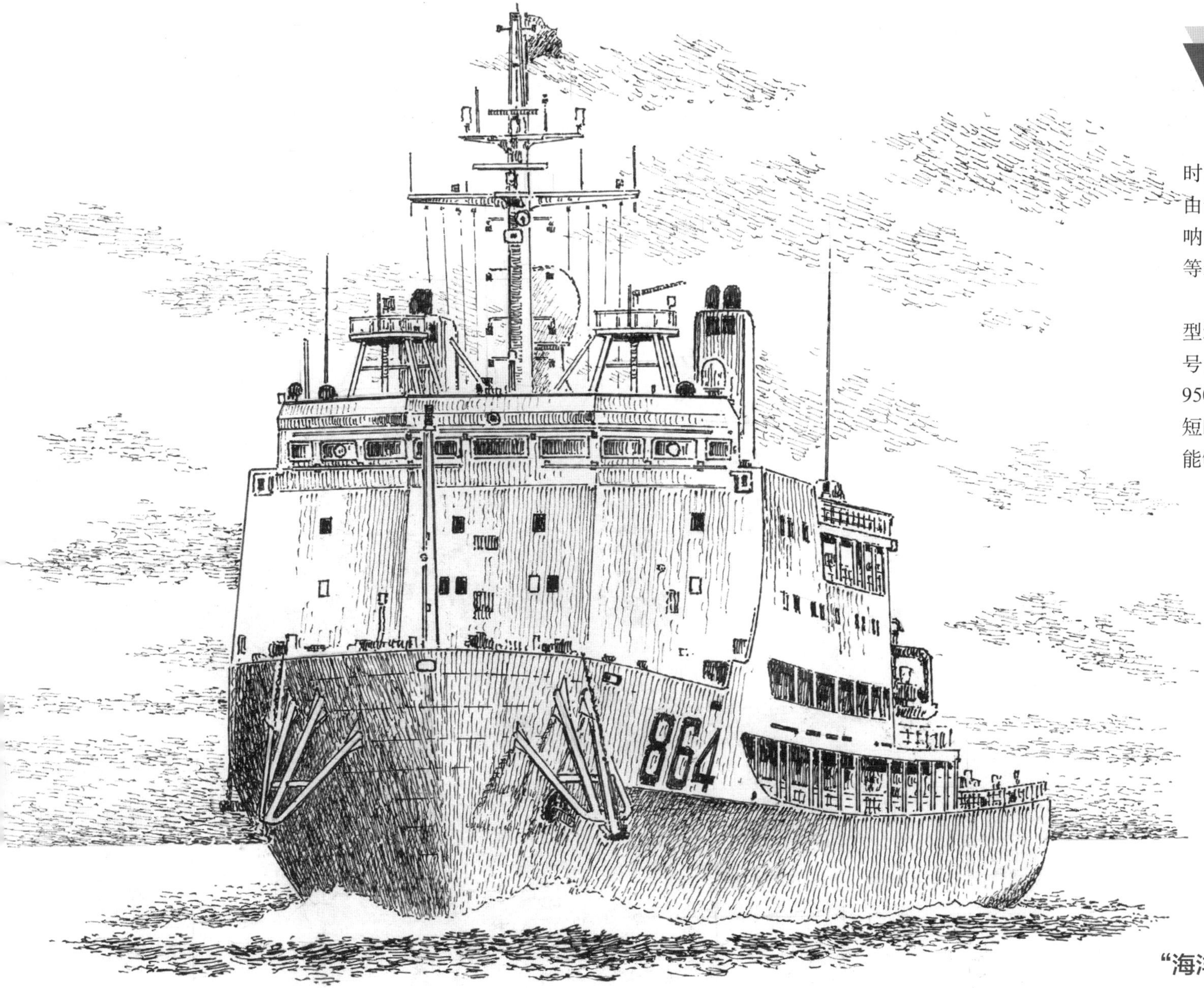

“海洋岛”号（舷号 864）

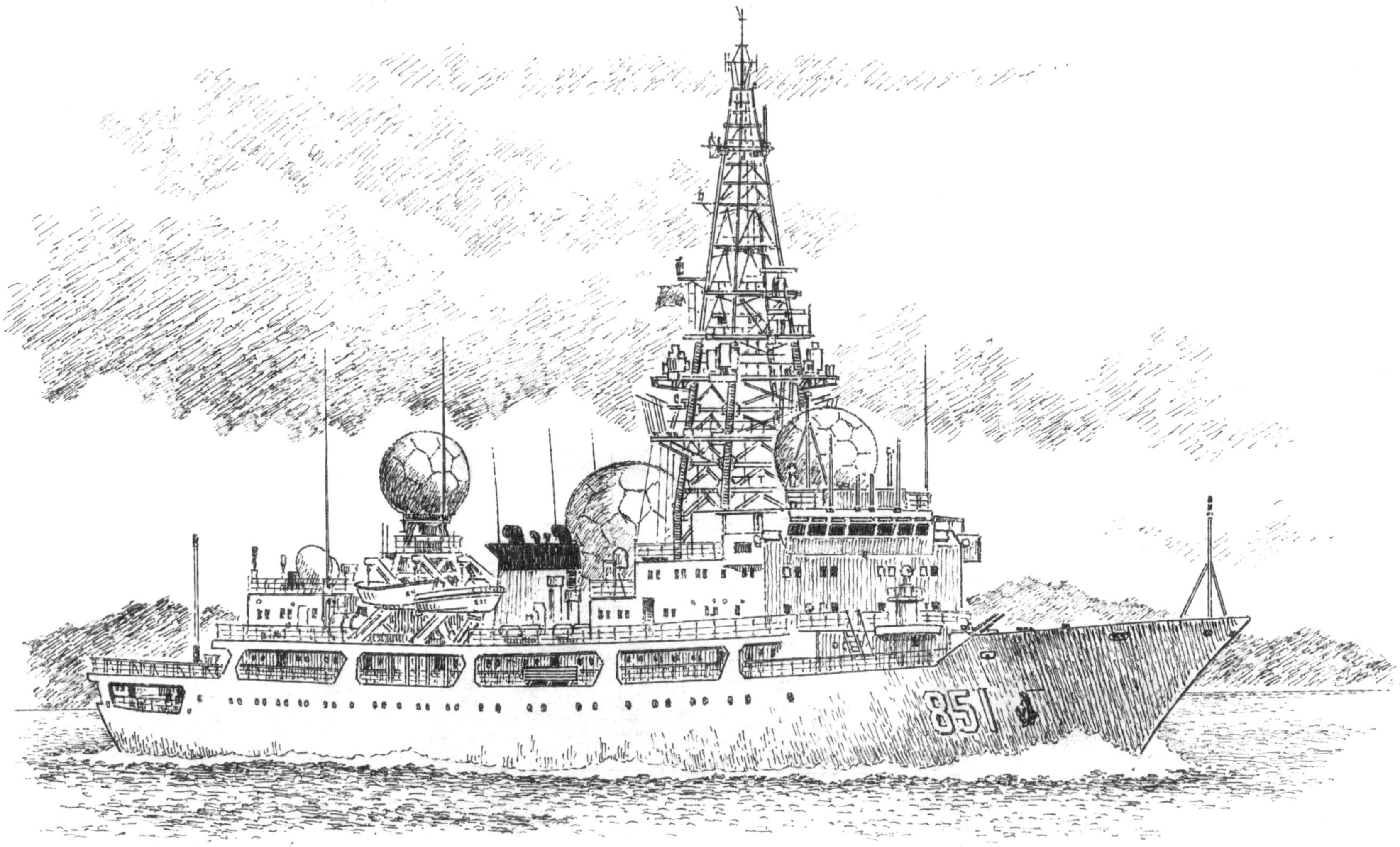

“北极星”号（舷号 851）

815 型电子侦察船

“北极星”号电子侦察船，舷号 851，是一艘 815 型多功能综合电子侦察船。“北极星”号由沪东造船厂负责建造，1999 年下半年服役，编入东海舰队。该船长 130 米，满载排水量近 6000 吨，采用柴油机作为动力，双轴推进，最大航速 20 节。

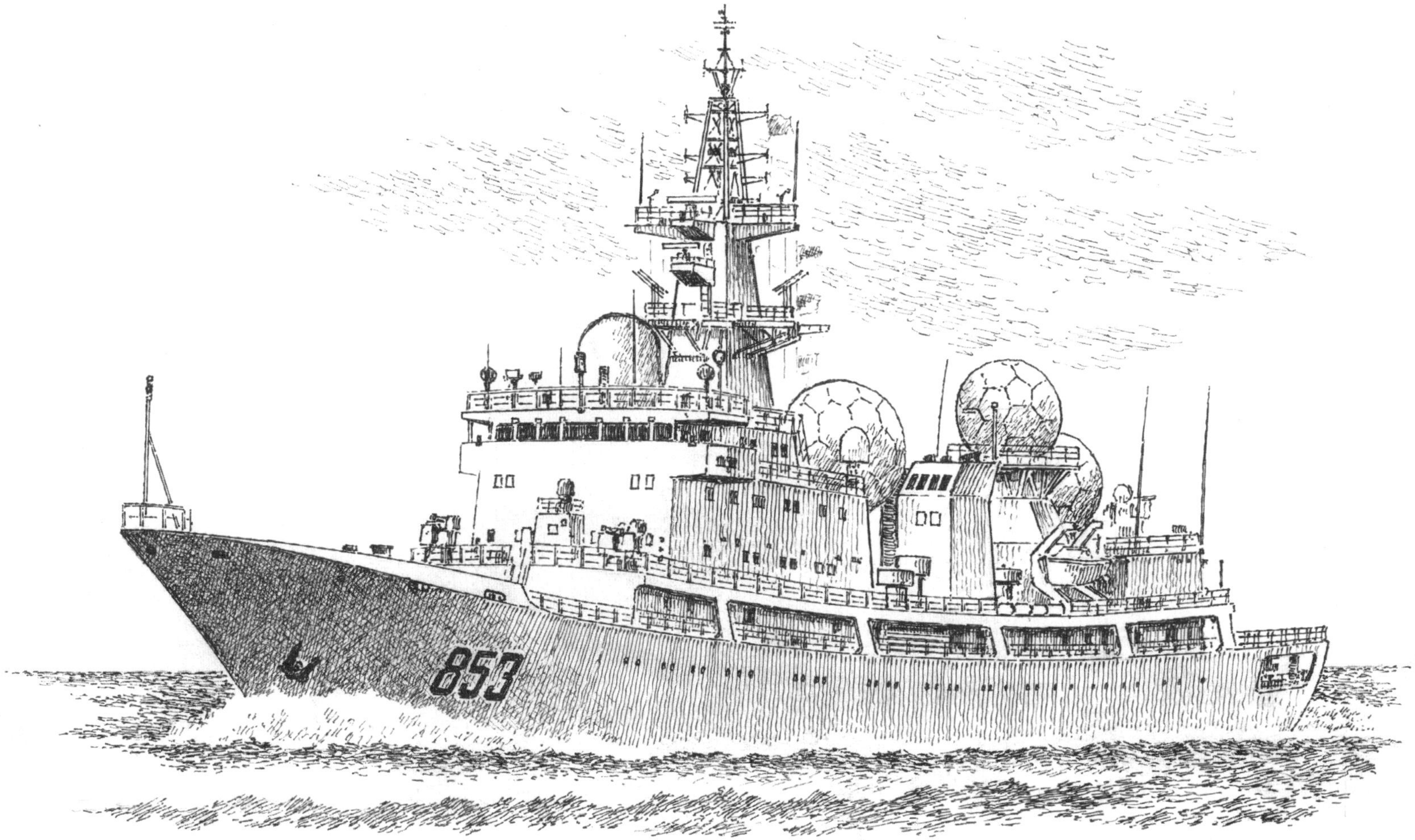

“天王星”号（舷号 853）

815A 型电子侦察船

电子侦察船是现代海军用于海上电子侦察的特种舰船，它可以接收并记录无线电、雷达、武器系统等电子设备所发出的电磁波信号，进而计算和获得这些电子设备的技术参数和性能。

815A 型电子侦察船是我国研制的第三代电子侦察船，该型电子侦察船采用封闭式桅杆，安装了相控阵雷达、被动探测雷达、舰机通信中继天线、卫星通信等电子设备，能够执行对敌方电磁信号进行监听、收集、分析等任务，也能执行对卫星的实时跟踪任务。

“天王星”号侦察船，舷号 853，是 815A 型电子侦察船的首舰，由沪东造船厂建造，2010 年下半年下水试航，服役之后编入南海舰队。

639A 型测量船

“南测 429”号双体测量船，是我国海军 639A 型测量船中的一艘。该型测量船安装有拖曳式声呐系统和其他功能的测量吊舱，能够对海底地形地貌和岛礁进行综合测量测绘海图，担负海底表层地质、重力、磁力测量、探测和收集水下音响信息特征、对非合作潜艇进行定位、甄别和声纹存档等任务，可以为我方潜艇和舰船提供海底地形地貌，增强任务机动能力。

作为一种 1500 吨级的测量船，“南测 429”号的突出特点就是采用了小水线面双体船型，这种船型的优点是抗风浪能力强，耐波性优良，稳性与生存力较强，横摇横倾角度小、零航速下运动响应平缓，人员晕船率低，适于全海候，推进效率高，航速高，经济性好，甲板面积及有效舱容大，利于总体布局。这种船型也使得该船拥有超过 20 米的型宽，具有宽敞的船舱、驾驶室、测量工作室和仪器存放室，可以更灵活地布置臂吊、A 形门架、绞盘等作业机械。

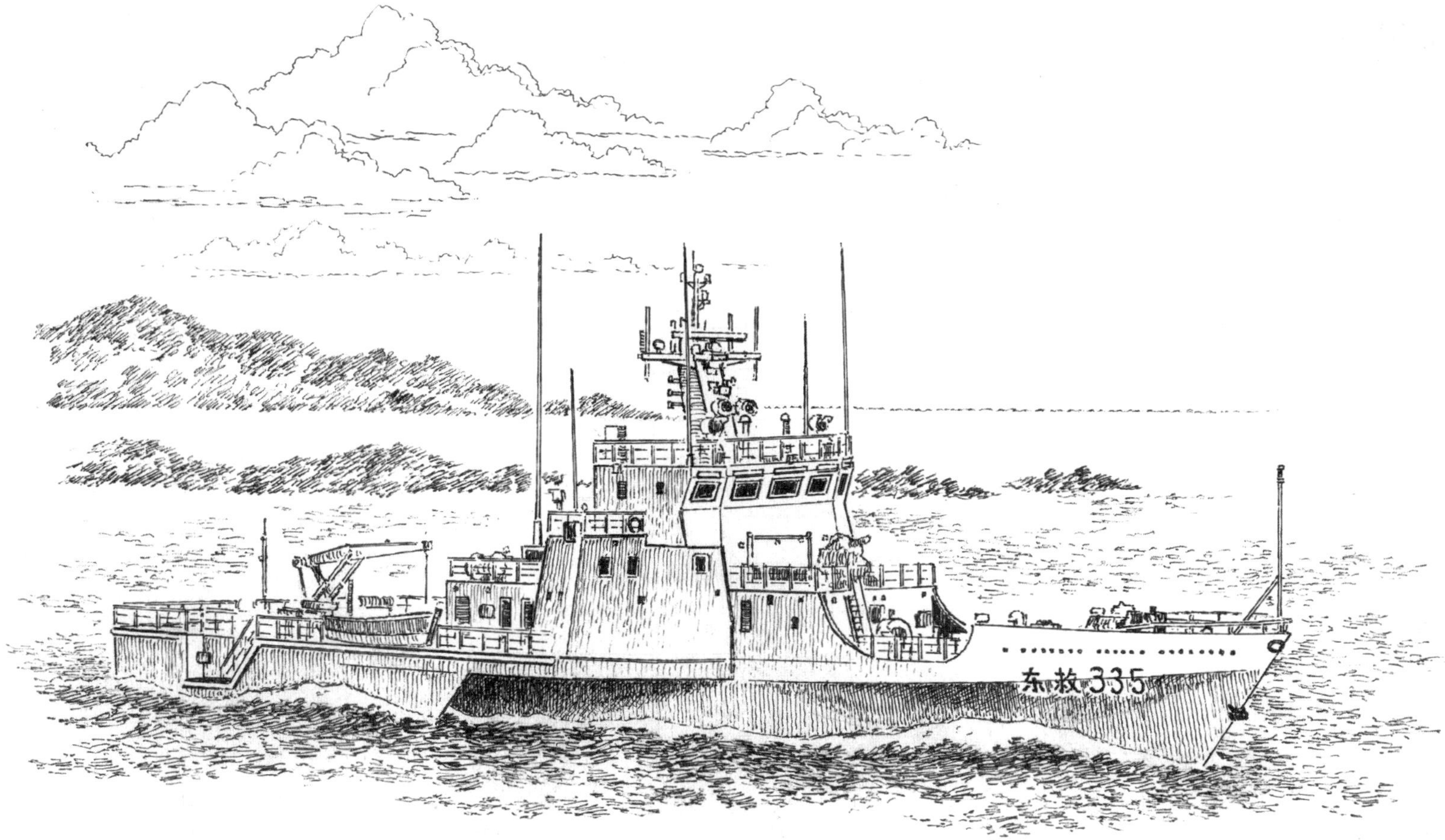

917 型三体救捞船

长期以来，我国舰船领域都在对三体船等高性能船舶进行研究，917 型三体救捞船就是我国第一种实用化的三体船。917 型三体救捞船具有速度快、稳性好、甲板面积大的特点，能够担负起近海海上搜救、快速救助遇险舰船和失事飞机落水人员等任务，还可与医疗救护艇、直升机等平台协同，构筑起高效、快速、便捷的近海救助体系。

917 型救捞船采用成熟的柴油机动力驱动两具喷水推进器，最大航速约 25 节，船长约 60 米，宽约 20 米，排水量约 550 吨，后甲板上设有可供直升机起降作业的飞行甲板。

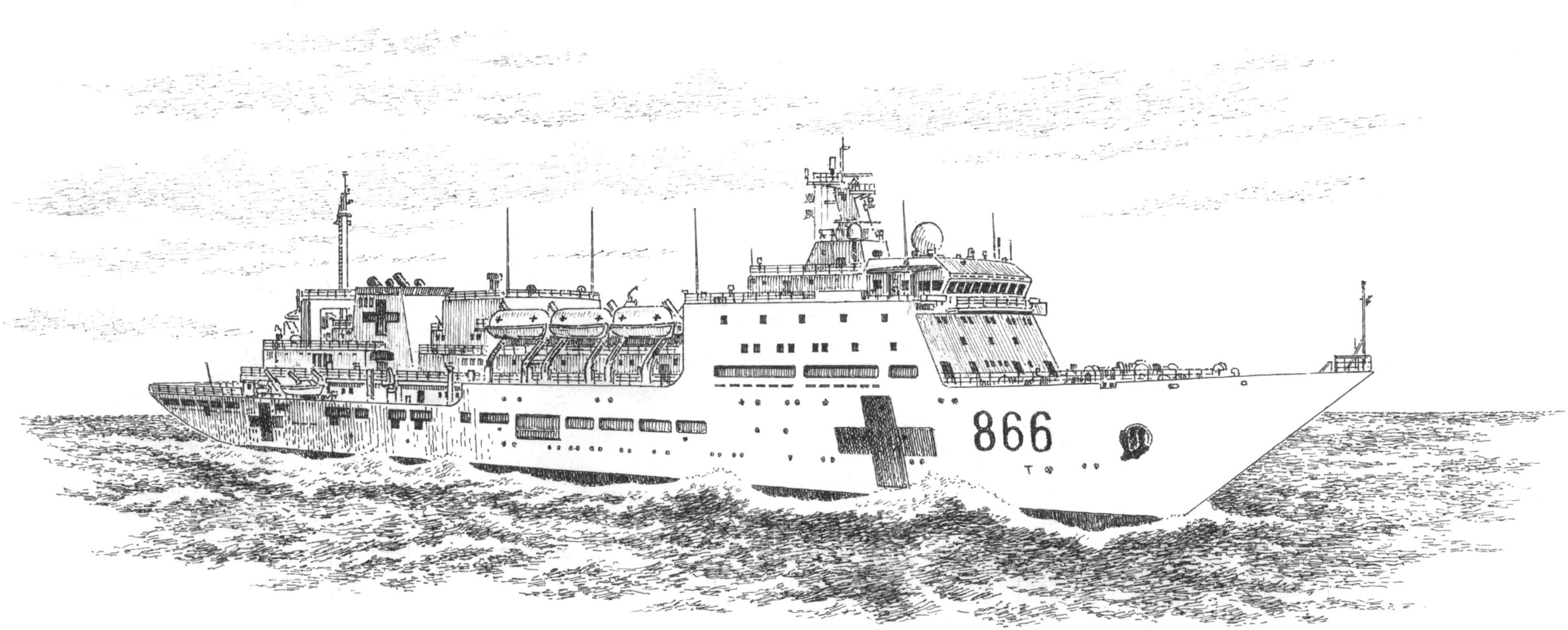

“和平方舟”号医院船

“和平方舟”号医院船是我国专门为海上医疗救护研制的专业医院船，舰名“岱山岛”号，舷号866。由于“和平方舟”更加贴近舰只功能，所以媒体报道多采用“和平方舟”这一称呼，该船也是世界上第一艘超万吨级大型专业医院船。

作为万吨级专业医院船，“和平方舟”号战时能为作战部队伤病员提供海上早期治疗及部分专科治疗，平时可执行海上医疗救护训练任务，也可为舰艇编队和边远地区驻岛守礁部队提供医疗服务，医院船的各项硬件设施相当于三级甲等医院的水平。

2005年，“和平方舟”号医院船的设计工作正式启动，2006年由广船国际负责开工建造，2007年8月正式下水。2008年底，“和平方舟”号正式列装东海舰队，并在2009年海军成立60周年暨多国海军活动中首次公开亮相。服役之后，该船先后数十次参与包括亚丁湾护航、多国联合演习、国际救援、友好访问等使命任务。

“东海岛”号半潜重载船

“东海岛”号半潜重载船，舷号868，是我国海军装备的第一艘大型半潜船，可用于战时和平时受损舰艇的施救和运输，也可用于大型钢结构、海上作业平台等装备运输。

“东海岛”号由广州黄埔文冲船厂负责建造，由一艘集装箱船改装而来，船长175米，排水量超过20000吨。该船装备潜浮压载系统，有较强的滚装能力，可对重型装备构件及小型舰艇进行拖带、运输，同时可作为临时船坞对受损舰艇实施海上抢修。2015年7月10日，“东海岛”号正式服役，并编入南海舰队。2017年7月参与中国第一个海外军事基地——吉布提保障基地的建设。

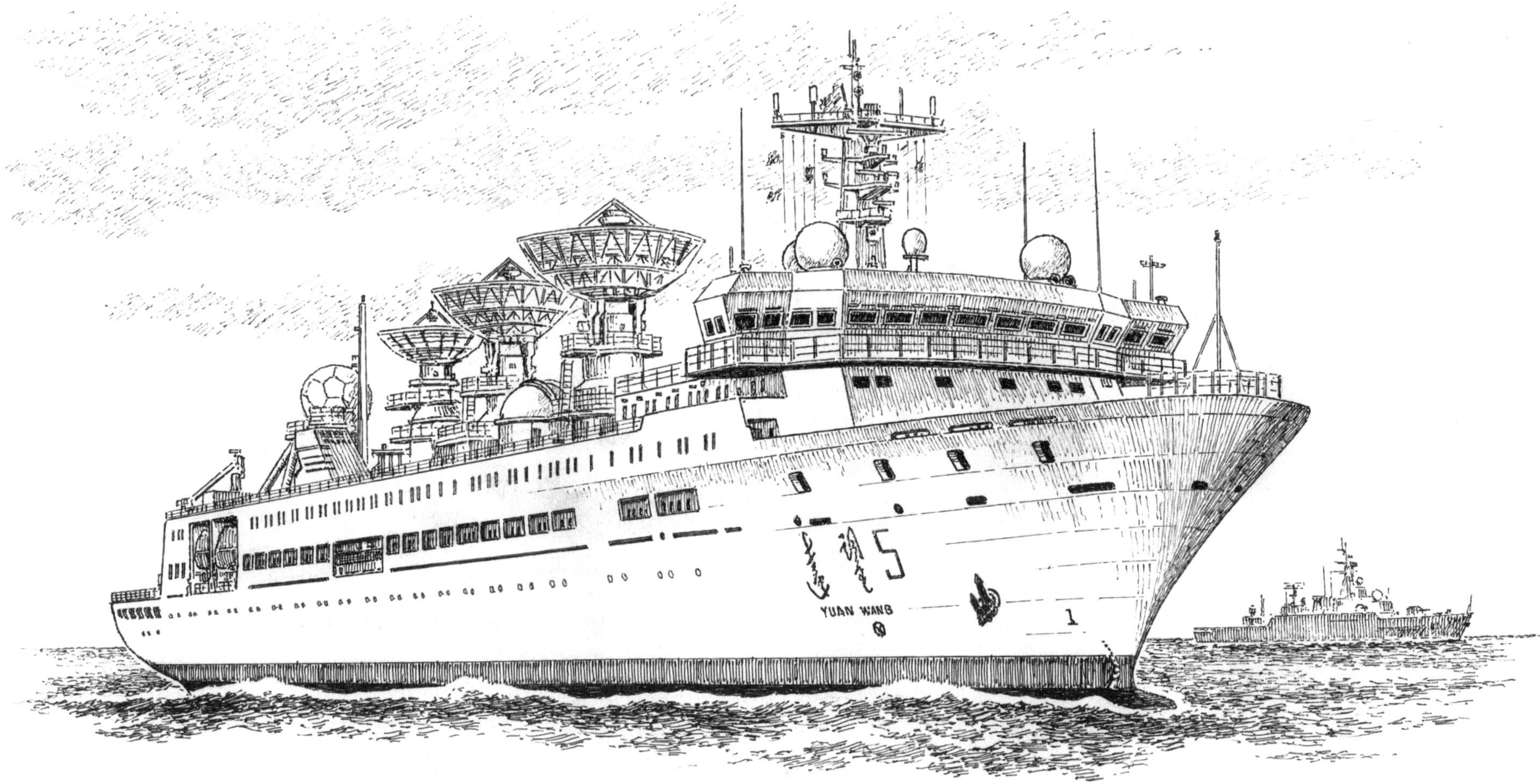

“远望 5”号远洋航天测量船

“远望 5”号测量船，是我国独自设计建造的第三代具有国际先进水平的大型航天远洋测量船，集船舶建设、航海气象、电子、机械、光学、通信、计算机等领域最新技术于一身，由通用船舶平台和航天测控装备两大部分组成，分为船舶、测控、通信、气象 4 个系统。

2007 年 9 月 29 日，“远望 5”号测量船在完成全部测试工作后，正式交付中国卫星海上测控部使用，其满载排水量 2.5 万吨，抗风能力可达 12 级以上，能在南北纬 60° 以内的任何海域航行。

“远望 5”号服役之后，参加过多次海上探测和跟踪任务，包括我国首次火星探测海上测控任务、“嫦娥五号”发射探测任务、我国空间站“天和”核心舱发射监测任务。

"长兴岛"号（舷号 J121，后改为 861）

925 型远洋打捞救生船

925 型（大江级）远洋打捞救生船，是我国海军现役排水量最大、设备最齐备的救援舰，目前总计有 3 艘在役，其主要任务包括救援失事与遇难的舰艇、深水救生和科研保障等，亦可作为科学考察船。925 型打捞救生船配备了新型深潜救生艇，深潜救生艇长 15 米，排水量 35 吨，最大下潜深度 600 米，可容纳 4 名艇员，可以对失事潜艇人员进行快速对接救援。

925 型打捞救生船一号舰为"崇明岛"号，1976 年 3 月下水，舷号 862。二号舰为"永兴岛"号，于 1978 年 11 月开工建造，第二年 2 月上船台，同年 7 月下水，9 月至 10 月完成码头系泊试验，11 月试航，之后交付海军服役。三号舰为"长兴岛"号，1979 年 8 月下水，舷号 861，曾用号 J121。

海军航空兵

NAVAL AIR FORCE

海军航空兵

1952年1月，海军司令员肖劲光向中央军委正式提交组建航空兵飞行部队的请示报告。在先后得到周总理、毛主席的批示后，海军航空兵部于9月6日在北京正式成立。自1952年起，海军航空兵部队先后组建了9个航空兵师，装备了歼击机（战斗机）、轰炸机、运输机、直升机等作战飞机。

数十年来，海军航空兵部队历经多次改革，在改革中越来越壮大。自成立至今，海军航空兵部队先后进行了300多次战斗，击落敌机201架，击伤敌机158架，先后多次完成了国家赋予的重大任务。

随着人民军队现代化的加速，航母舰载战斗机、新型预警机、电子战飞机、新型侦察机等也陆续装备海军航空兵，大大提升了人民海军保卫我国领海领空安全的战斗力。

歼 8 Ⅱ战斗机

歼 8 战斗机是在米格 –21 的技术基础上，通过放大改进设计而来，在外形上采用机头进气双发布局，1965 年底，歼 8 零批飞机试制工作开始。1969 年 7 月 5 日，歼 8 飞机成功实现首飞，也正式宣告我国不能研制高空高速战斗机的历史正式结束。20 世纪 70 年代末，国际形势的风云变幻迫使我国空军主战装备的研制思路必须转变，高空高速截击已经不是空军最迫切的需求，主力战机必须兼顾中低空超声速机动性能和对地攻击性能。1981 年 5 月歼 8 Ⅱ飞机的研制正式开始，总设计师为顾诵芬。

歼 8 Ⅱ飞机作为歼 8 飞机的改进型，采用两侧进气、换装增大推力的发动机，改进了武器、火控系统和电子设备，具有很强的空战和对地攻击能力。1984 年 6 月 12 日，歼 8 Ⅱ飞机成功进行首飞，从立项到首飞总计 4 年时间，创造了新机研制的速度纪录并且大大节省了研制费用。1989 年，歼 8 Ⅱ飞机参加了巴黎航展受到世界的瞩目。歼 8 Ⅱ飞机也成为我国第一次在国外以实物的形式展出、自行设计的高性能战斗机。

歼轰 7A 歼击轰炸机

歼轰 7 歼击轰炸机是我国航空工业自行设计制造的，具有自主知识产权的第一种双发、双座、超声速战斗轰炸机，绰号“飞豹”。

歼轰 7 飞机的研制工作开始于 20 世纪 70 年代初期，当时提出了“一机两型”的思路，希望该机的研制能够同时满足空军和海军的要求。之后，由于种种原因，歼轰 7 飞机的研制出现了多次波折，直到 80 年代初才恢复正常。

1988 年 12 月，歼轰 7 首架机成功首飞，1998 年首次亮相珠海航展。

歼轰 7A 是在歼轰 7 的基础上改进设计的新型战斗轰炸机，从立项到首飞，再到后来的装备部队，前后仅用了 5 年时间。

歼轰 7A 的研制开创了我国全机数字化设计的先河，设计出了我国第一架全机数字样机，在国内第一次实现了飞机研制三维设计和电子预装配，从传统设计一步跨越到国际水平。与歼轰 7 相比，歼轰 7A 飞机的作战半径、载弹量、综合作战能力都大为提升，也是目前我国载弹能力最强、航程最远、作战半径最大的歼击轰炸机，可挂载多种精确制导武器和非制导武器，可实施敌防区外远程精确打击。

苏 -30MKK 战斗机

苏 -30MKK 是俄罗斯苏霍伊公司设计制造的双发、重型多任务战斗机，也是苏 -27 系列的一个重要改进型号，1994 年实现首飞。作为苏 -27UB 双座型发展来的多任务战斗机，苏 -30MKK 继承了苏 -27 系列出色的空中机动性能，除了能够执行对空作战任务之外，该机还能够携带空地导弹、反舰导弹、精确制导炸弹等武器系统，执行对地、对海目标打击任务。我国于 20 世纪 90 年代末期向俄罗斯订购了首批苏 -30MKK 战斗机，此后又在 21 世纪初增加订购，主要装备于海军航空兵。

歼 10 战斗机

歼 10 战斗机是我国独自研制的、具有独立自主知识产权的第三代主力战斗机。1984 年 2 月，歼 10 战斗机的研制正式开始，总设计师是宋文骢。截至 1994 年底，歼 10 飞机详细设计全部完成。

1998 年 3 月 23 日，歼 10 成功完成首飞，至此，我国有了独自设计制造的第三代战斗机。2003 年，歼 10 飞机提前交付空军部队领先试用，开创了我国军机研制史上的先河，实现了我国航空武器装备从第二代到第三代的跨越。

歼 10 飞机设计定型列装部队后，根据装备需求和军事变革不断发展，先后完成了歼 10 飞机双座战斗机 / 教练机、歼 10A 飞机研制，较快地装备了我国空海军部队。歼 10 系列飞机多次参加重大活动和大型军事演习，实施多机编队、多次空中加油、连续巡航、远航南海执行巡逻警戒任务。在新中国成立 60 周年、抗战胜利日、建军 90 周年阅兵式上，歼 10 飞机飞越天安门广场和朱日和训练基地上空，接受了党和人民的检阅。

歼 11BSH 战斗机

歼 11B 是我国在苏 −27 飞机的设计基础上，经过消化、吸收、再创新，自主研制的全天候、双发、远程、多用途重型战斗机。歼 11B 在保留了苏 −27 出色的气动性能的同时，通过采用新的材料和工艺，换装国产化设备，具有长航程、载重量大、外挂点多、机动性高的特点。以歼 11B 为基础改进研制的歼 11BSH，在我国海军航空兵中主要作战任务是夺取制空权、截击来袭敌机和武器系统，对敌方地面、海面重要目标进行打击。同时，歼 11BSH 也承担同型教练机的角色。

空警 200H 预警机

空警 200H 预警机是空警 200 预警机的海军型，是我国自主创新研制的第一代预警机，集侦察、探测、通信、指挥控制功能于一体，是我军空基预警探测和作战指挥体系的重要组成部分。空警 200H 主要担负空中巡逻警戒任务，弥补地面雷达低空盲区，兼顾对航空兵实施指挥、探测、监视、跟踪和识别来袭的空中目标、水面目标等，进行战场态势监控，指挥引导己方部队实施作战。

2003 年 5 月，空警 200 正式立项研制，2005 年初，空警 200 预警机成功首飞。2009 年 10 月 1 日，在庆祝中华人民共和国成立 60 周年的国庆阅兵式上，空警 200 正式公开亮相。在庆祝中华人民共和国成立 70 周年的国庆阅兵式上，空警 200H 与多型特种飞机组成编队接受检阅。

空警 500H 预警机

空警 500H 预警机是在空警 500 预警机基础上为满足适海性要求而研制的新一代中型预警机，是我军空基网络信息体系的核心节点。2015 年 9 月 3 日，纪念中国人民抗日战争暨世界反法西斯战争胜利 70 周年阅兵式上，空警 500 作为我国预警机家族最新成员首次精彩亮相。此后，在庆祝中华人民共和国成立 70 周年的国庆阅兵式上，以及珠海航展、大型军演等活动中，空警 500 都多次公开亮相。

空警 500 预警机首次应用数字阵列预警雷达等最新技术，利用国产中小型飞机实现了大型预警机的能力，显著提升了中国基于空中平台的预警探测和指挥控制能力。基于空警 500 研制的空警 500H 可在全疆域、全天候和复杂电磁环境下执行预警探测、指挥控制和空空 / 空地 / 空海武器跨平台联合打击等任务，为我海军航空兵或与其他军兵种协同作战提供预警探测信息并实施战场指挥引导。

轰油 6 加油机

进入 20 世纪 80 年代，我国的航空兵部队为了实现远程飞行作战的目标，对空中加油机的需求越发显得迫切。最终经过详细严格的技术论证，我国决定在已经成熟的轰 6 飞机基础上，通过加装供油系统、加／输油系统、加油探头，以及新型机载气象雷达等，研制一款能够满足我国航空兵部队在一段时期内需要的空中加油机，并命名为轰油 6。

相对于原来的轰 6 轰炸机，轰油 6 进行了大量的改装和重新设计，包括对机头座舱进行了调整，在两侧翼下各安装一个空中加油吊舱，同时为了满足夜间加油需要，在左右挂架两侧以及机身后部增加了灯光照明系统。同时取消了全部武器系统，减下来的重量全部用来增加携带燃油。

1991 年 12 月 23 日，歼 8 Ⅱ受油机和轰 6 加油机在空中实现加油，这也是我国空中加油首次试验成功。

轰 6K 轰炸机

轰 6 飞机是我国在 20 世纪 60 年代从苏联图 –16 轰炸机改进仿制而来的高亚声速中程战略轰炸机。1957 年中，苏联同意将图 –16 轰炸机的制造权转让给中国，1959 年初，中苏两国政府就图 –16 轰炸机的技术资料、样机、部件、散装件，以及制造设备、工艺、人员培训等一系列事宜达成一致。

根据国家的整体考虑，当时航空工业管理部门将图 –16 在国内的试制工作交由哈尔滨飞机制造厂（简称哈飞）和建设中的西安飞机制造厂（简称西飞）共同负责，并确定由哈飞为主制造厂。1961 年底，图 –16 的试制工作全部转移到西飞。

1964 年 11 月，国家将仿制图 –16 的飞机正式命名为轰 6 型飞机。此后，轰 6 飞机的试制工作开始紧锣密鼓地进行，并于 1966 年 10 月底完成了首架飞机的强度试验。1968 年 12 月 24 日，轰 6 飞机成功完成首飞，填补了我国没有战略轰炸机的空白。

轰 6K 轰炸机是轰 6 系列飞机的最新型号，绰号“战神”。轰 6K 通过换装先进的涡扇发动机以及机载航电、雷达系统的电子设备，真正具备了远程奔袭、大区域巡逻、防区外打击能力，可以做到载得更多、飞得更远、打得更准。

轰 6K 的两侧翼下总计有 6 个挂点，在携带空射型巡航导弹或者空射型远程反舰导弹时，轰 6K 已经具备了真正的远程战略打击能力。

水轰 5 反潜轰炸机

水轰 5 是我国研制的第一代大型水上反潜轰炸机。水轰 5 的研制于 1968 年底得到上级部门的批复，1969 年 4 月正式拉开研制序幕，1976 年 4 月成功首飞。水轰 5 的研制生产，实现了我国航空领域多项重大技术突破，我国第一次自行研制 45 吨重量级飞机，第一次自行研制四发涡桨双垂尾气动布局飞机，第一次研制可以带空舰导弹的轰炸机，第一次自行研制可以携带自导鱼雷的反潜巡逻机，第一次自行研制大长宽比船身式水上飞机。水轰 5 在研制过程中汇总采用了国内外大量先进技术，整体壁板、钛合金加工等新工艺，带动了航空制造技术的进步。

1985 年，4 架水轰 5 由海军验收后接收，此后陆续转场到山东青岛服役。从此，水轰 5 开始翱翔在祖国的碧海蓝天，并保持了较高的出勤率。1987 年，大兴安岭发生特大火灾，一架水轰 5 被改装为国内首架森林灭火机，10 秒内可汲水 8.3 吨。在 1989 年青岛黄岛油库火灾中，水轰 5 再次发挥重要作用。

运 8 反潜巡逻机

运 8 反潜巡逻飞机是我国研制的第一型岸基大型固定翼反潜巡逻飞机，是我军水下预警探测体系建设的重要武器装备，可执行独立或协同其他反潜兵力，在近海指定海区对敌潜艇实施全天候搜索、跟踪和攻击，使我军具备了近海大范围航空反潜作战能力。

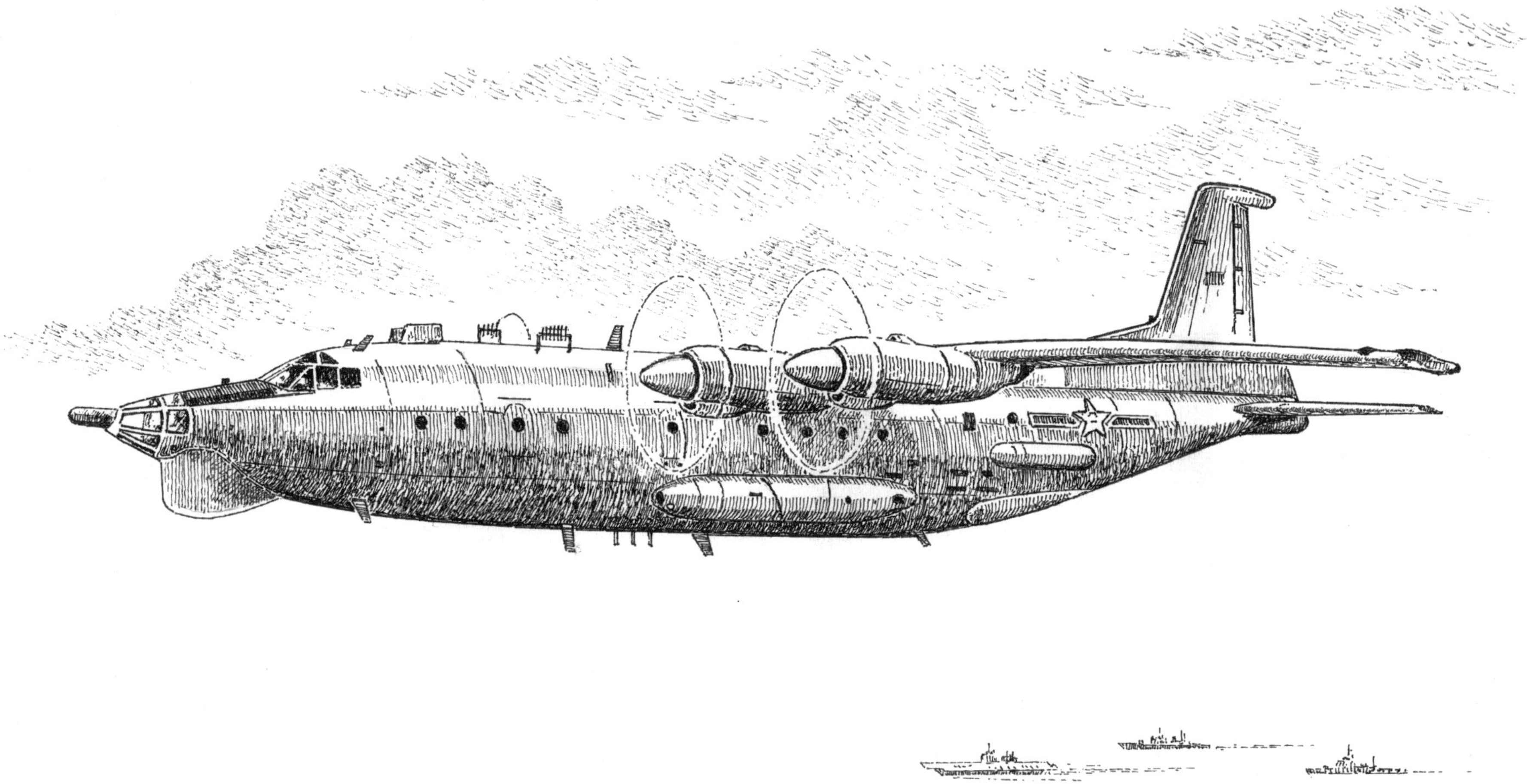

运 8 电子侦察机

运 8 电子侦察机是我国自主研制的集雷达和通信、侦察于一体的海军新型侦察装备，实现了我军电子战装备现代化的突破，大大提升了海军的信息化作战水平。在新中国成立 70 周年阅兵式上，运 8 电子侦察机首次公开亮相。

卡 –28 反潜直升机

卡 –28 反潜直升机是俄罗斯卡莫夫设计局研制的卡 –27 舰载反潜直升机的出口型。卡 –28 采用共轴双旋翼无尾桨布局，最大起飞重量超过 12 吨，能够携带反潜设备、反潜武器系统等执行海上潜艇搜索、攻击等任务，主要用作舰队反潜任务。执行任务时，通常是 2 架卡 –28 组成双机编队，一架负责搜索跟踪，一架负责攻击。

我国于 20 世纪 90 年代从俄罗斯引进水面舰艇的同时，配套引进了舰载卡 –28 反潜直升机。

后　记

这是一本用钢笔画的技法表现人民海军的舰艇装备发展历程和新中国成立后保卫祖国领海的几次主要海战光辉战绩的钢笔画画集。

这本书向广大读者尤其是青少年读者介绍了英雄的中国人民解放军海军从无到有、从弱到强、从小到大的史诗般的发展经历，以及期间各型主要舰艇在保卫祖国领海的战斗中的光辉战绩和创立的“海上拼刺刀”精神，用以宣扬海军知识和热爱祖国向往海军的情怀，激励青少年树立热爱人民海军、热爱海洋、投身海洋建设的远大志向。

我从小就对人民海军充满了崇敬，那个年代信息获取渠道还很少，一般情况下很难看到有关海军的书刊报道，电影《怒海轻骑》《海鹰》使我一遍又一遍地过瘾。说来也巧，待我参加工作后，我所服务的单位是一个部属军工企业，专门从事海军舰船仪器仪表设计制造，我的工作是设计，这使我有机会直接接触到海军和舰艇，利用工作的机会可以到部队登船和海军官兵亲切交谈，我还有机会去了南海西沙永兴岛，目睹了我国人民海军的不断发展壮大，我参加设计的产品还参加过人民海军的一系列重大国防项目，这是我一辈子的骄傲和自豪。

钢笔画从西方传入中国也不过百余年，它和其他的绘画方式所不同的是，作品风格和表现力给人一种与众不同的感觉。早在西方的大航海时代，钢笔画（那时叫铜版画）就是表现大航海的主要手法之一，至今仍然受到社会的热崇且具有影响力。我从年轻时就喜欢钢笔画，自己在这方面也做过许多有益的尝试，慢慢积累了一定的经验，用钢笔画来表现中国的海洋文化和人民海军，也是我多年的愿望和努力的目标，这几年在这方面也获取了一定的成果。

我在用钢笔画创作海军文化方面得到了社会和海军有关领导的大力支持，人民海军为此特批了一艘护卫舰以我的家乡“聊城”命名，这也是我因为绘画获得的殊荣。

特别要说明的是，中国航空报社的袁新立先生负责了此书的全部文案，《现代舰船》总编崔轶亮先生承担了此书的技术总编，平面设计师王楠老师则当仁不让地担起了此书的美编重任，在此，我要向绘画助理盖以琳以及所有为这本书的编辑、校对、出版和发行工作付出辛勤劳动的朋友们表示敬意。

我希望《只为走向远洋——我国水上舰艇钢笔画集》这本书可以使读者对人民海军有更深刻的了解，人民海军向前跨越的每一步都凝聚着全国人民的努力和支持，期盼这本画册可以为中国海军迈向新的征程贡献微薄之力！

由于本人知识积累和创作条件等方面的不足，本书难免会有差错，敬请读者留心指正。

——我爱这蓝色的海洋。

桂志仁

2023 年 3 月